"十三五"高等职业教育规划教材

图像处理与图形界面（GUI）设计案例教程

李 娜 张丽君 主 编

青 梅 孙 欢 副主编

U0316674

中国铁道出版社有限公司

CHINA RAILWAY PUBLISHING HOUSE CO., LTD.

内 容 简 介

本书采用最新的教学法与传统教学法相结合的方式，主要讲授两部分内容，第一部分讲授图像处理软件Photoshop CS6的应用。第二部分主要讲授GUI图形界面设计应用，包括书籍封面装帧设计、平面广告设计和不同类型的海报设计及画册设计。

本书适合作为高职高专计算机课程的教材，也可作为广大初、中级计算机爱好者的自学用书。

图书在版编目（CIP）数据

图像处理与图形界面（GUI）设计案例教程/李娜，
张丽君主编. —北京：中国铁道出版社有限公司，
2019.5（2021.8重印）
"十三五"高等职业教育规划教材
ISBN 978-7-113-25826-9

Ⅰ.①图… Ⅱ.①李… ②张… Ⅲ. ①软件工具-
程序设计-高等职业教育-教材 Ⅳ.①TP311.561

中国版本图书馆CIP数据核字（2019）第098818号

书　　名：**图像处理与图形界面（GUI）设计案例教程**
作　　者：李　娜　张丽君

策　　划：王春霞　尹　鹏　　　　　　　编辑部电话：（010）63551006
责任编辑：王春霞　冯彩茹
封面设计：刘　颖
责任校对：张玉华
责任印制：樊启鹏

出版发行：中国铁道出版社有限公司（100054，北京市西城区右安门西街8号）
网　　址：http://www.tdpress.com/51eds/
印　　刷：三河市宏盛印务有限公司
版　　次：2019年6月第1版　　2021年8月第2次印刷
开　　本：850 mm×1 168 mm　1/16　印张：14.5　字数：307 千
印　　数：2 001～3 000 册
书　　号：ISBN 978-7-113-25826-9
定　　价：39.00 元

编　委　会

编委会主任：贾　润

编委会成员：索丽霞　梁　伟　侯　涛　董博涵

前 言

　　随着数字媒体技术的飞速发展和更新，UI 设计课程已经覆盖至多个专业，是计算机数字媒体技术专业的必修课程，同时也是电子商务专业、软件技术和计算机应用技术专业等艺术类相关专业的一门基础课程。UI 设计是新媒体设计行业、计算机软件界面设计、网页界面设计、移动产品界面设计及平面设计技术的基础，而本书的主要目的在于培养学生对 UI 设计行业的认识，并熟练掌握图形图像处理的能力，培养其良好的软件应用能力和职业习惯。本书通过案例驱动和综合训练，使学生掌握 UI 设计的最新行业规范及 Photoshop 的基本功能及图像处理技巧，并为后续平面设计课程、MUI 移动设备界面课程设计打下扎实的基础。GUI 图形界面设计的案例及所有素材全部来自于长期校企深度合作单位"达内科技集团"设计教学一线，教学中可以让学生能真正学到满足就业要求的知识。通过对计算机信息学院与达内科技集团进行校企合作的研究，使我院校企深度合作模式更加走向成熟，真正地实现以企业定制为基础，以学生对口高质量就业为导向来共同修订人才培养方案，共同构建课程体系并制定课程标准，共建实习实训基地的目标，共同打造"双师型"的教学团队，共同进行实习实训基地的管理。

　　本书特点：

　　（1）以就业为目标。从传统图像处理知识的传授转为培养学生以市场前沿为导向的实际操作技能，满足图像处理及 UI 界面设计实际就业需要。

　　（2）精心设计教学内容。计算机每种软件的功能都很强大，如果将所有功能都一一讲解，无疑会浪费时间。因此，本书在内容安排上紧紧抓住 Photoshop 软件的重点，并且按照感性认识→应用提高→综合实践的体系结构安排教学内容。

　　（3）以软件功能和实际应用为主线。本书突出两条主线：一个是软件功能，一个是应用。以软件功能为主线，可使学生系统地学习相关知识；以应用为主线，可使学生学以致用。

　　（4）采用"理论＋案例操作"的教学方式，合理安排知识点和案例。先讲解必要的知识点，然后通过和知识点相配合的案例来理解、掌握并应用相应的知识点。

　　（5）案例丰富。UI 设计是一门实践性很强的学科，因此在教学中采用案例的方

式进行讲解。书中的案例应该达到两个目的：一是帮助学生巩固所学知识，加深对知识的理解；二是紧密结合应用，让学生了解如何将这些案例应用到日后的工作中。

（6）语言简练，讲解简洁，图示丰富。避开枯燥的讲解，在介绍概念时尽量做到语言简洁、易懂，并善用比喻和图示。

（7）适应教学要求。本书在安排各案例时严格控制篇幅和案例的难易程度，从而符合教学需求。

（8）提供完整的素材。完整的素材可以帮助学生根据书中的内容进行预习和上机练习。

本书编者均为长期从事 UI 设计课程教学的一线教师，在制定教学大纲、编写讲义、编写相关案例指导书的基础上积累了丰富的教学经验。本书概念清晰、结构合理、案例内容丰富、实用性强。为方便教学，本书配有丰富的教学资源，包括教学课件、授课计划、案例素材等，如需索取请发送电子邮件到 lnhhvc@126.com，或到中国铁道出版社有限公司教学资源网 https://www.tdpress.com/51eds.com 下载。

本书由呼和浩特职业学院计算机信息学院李娜老师和张丽君老师任主编并负责策划、编写和统稿，呼和浩特职业学院计算机信息学院青梅老师和孙欢老师任副主编并参与编写。其中第 1 部分的单元 1 由青梅老师编写，单元 2 到单元 13 由张丽君老师编写；第 2 部分单元 1 到单元 9 由李娜老师编写，单元 10 和单元 11 由孙欢老师编写。

由于编者水平有限，书中的疏漏和错误之处在所难免，恳请同行专家和读者不吝赐教，在将来修订本书时作为重要的参考，也便于编者提高水平。欢迎您将对本书的意见和建议发送给我们，电子信箱是 lnhhvc@126.com。

编　者

2019 年 3 月

目 录

第2部分

GUI图形界面设计

——基于印刷输出的图形界面设计与制作

第 1 部分

Photoshop CS6 的应用

Photoshop软件是Adobe公司的图像处理软件之一。作为平面设计中最常用的工具之一，它的应用领域很广泛，在图像、图形、文字、视频、出版各方面都有涉及。多数人对于Photoshop的了解仅限于"一个很好的图像编辑软件"，并不知道它的诸多应用方面，实际上，Photoshop的应用领域很广泛，它不仅是一个好的图像编辑软件，而且在不同行业都有所涉及。第一部分为十三个单元，内容涵盖Photoshop的基础知识与基本操作。通过第1部分的学习能具备以下三点：

1. 能力目标

（1）熟练运用Photoshop制作效果图，并在实际工作中得到应用。

（2）培养学生上网搜集素材和利用素材的能力。

（3）通过每个单元的学习培养学生的自学能力。

2. 情感目标

（1）善于观察，善于分析。

（2）培养学生的团队合作精神。

（3）培养学生的学习和工作的主动性。

（4）培养学生的创新设计精神。

（5）通过学习提高学生的艺术修养。

3. 职业能力目标

本课程是以高职职业教育理念为指导，通过学习不同阶段的内容可以使学生在今后的工作中熟练应用本软件，拓展在广告平面设计、网页制作及界面设计的岗位职业能力培养。

单元 1

初识 Photoshop CS6

1.1 应用基础

1.1.1 矢量图与位图

计算机中显示的图像一般可分为两大类——矢量图（Vector）和位图（Bitmap）。

1. 矢量图

矢量图又称其向量图形，使用直线和曲线来描述图形，其元素是点、线、矩形、多边形、圆和弧线等，比较适用于编辑色彩较为单纯的色块或文字，如Illustrator、PageMaker、FreeHand、CorelDRAW等绘图软件创建的图形都是矢量图。它与分辨率无关，无法通过扫描获得。当对矢量图进行放大后，图形仍能保持原来的清晰度，且色彩不失真，如图1-1-1所示。Flash 制作的动画也是矢量图形动画。

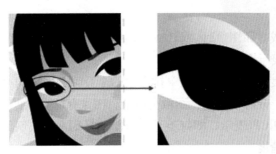

图 1-1-1　矢量图放大

矢量图不受分辨率的影响，因此在印刷时，可以任意放大或缩小图形而不会影响出图的清晰度，文件占用空间较小，适用于图形设计、文字设计和一些标志设计、版式设计等。

常见的矢量图图形格式有CDR、COL、EPS、ICO、DWG等。

2. 位图图像

位图也称栅格图像，是由很多个像素组成的，比较适合制作细腻、轻柔缥缈的特殊效果，Photoshop生成的图像一般都是位图。位图图像放大到一定的倍数后，看到的便是一个一个方形的色块，每一个色块就是一个像素，每个像素只显示一种颜色，是构成图像的最小单位，如图1-1-2所示。

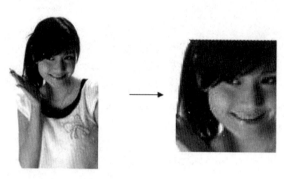

图 1-1-2　位图放大

处理位图时要着重考虑分辨率，因此位图不能随意放大，超过它的设定分辨率就会使图像失真。

常见的位图图形格式有BMP、JPEG、GIF、TIF、PIG等。

1.1.2　像素与分辨率

像素与分辨率是Photoshop中最常用的两个概念，对它们的设置决定了文件的大小及图像的质量。

1. 像素

如果把影像放大数倍，会发现这些连续色调其实是由许多色彩相近的小方点所组成的，这些小方点就是构成图像的最小单位，这每一个点就称为一个"像素"，且一个像素只显示一种颜色。

2. 分辨率

分辨率是指显示或打印图像时，单位距离中所含像素点的数量，通常以"像素/英寸"（PPI）来衡量，用于表示图片的清晰度。

图像分辨率：长度为1 in的范围内单排像素的个数称为图像的分辨率，如1024×768、800×600、640×480。分辨率越高，图像更清晰，图像存储空间更大。

打印机分辨率：用CPI表示，即每英寸上等距离排列多少条网线，打印机的分辨率用来衡量打印机的输出精度。

分辨率的高低直接影响图像的效果，使用太低的分辨率会导致图像粗糙，在排版打印时图片会变得非常模糊；而使用较高的分辨率则会增加文件的大小，并降低图像的打印速度。

修改图像的分辨率可以改变图像的精细程度。对以较低分辨率扫描或创建的图像，在Photoshop中提高其分辨率只能提高每单位图像中的像素数量，却不能提高图像的品质。

图1-1-3所示为不同分辨率下的图样对比。

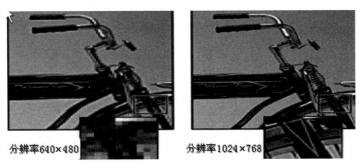

图 1-1-3　不同分辨率下的图样对比

1.1.3　图像的色彩模式

色彩模式决定显示和打印输出图像的色彩模型，色彩模型可理解为表示图像的颜色范围及合成方式。

Photoshop中有8种图像的色彩模式，每种模式的图像描述和再现图像色彩的原理以及再现颜色的数目都是不同的，图像中的色彩都放在通道中。因此，图像色彩模式不同，图像的通道数也不同。

单击"图像→模式"命令，打开二级菜单，如图1-1-4所示。

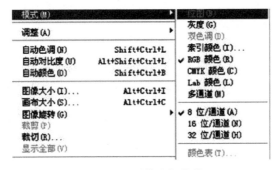

图 1-1-4　"模式"菜单

1. 位图模式

位图模式通常被称为黑白艺术，它是只由黑白两色构成而且没有灰色阴影的图像，按这种方式形成的图像处理速度快，产生的图像文件小，因为它所保存图像的颜色信息少。要将图像转换为位图模式，必须首先将图像转换为灰度模式，然后再转换为位图模式。

2. 灰度模式

灰度模式中只有灰度颜色而没有彩色，在Photoshop中灰度图可以看成是只有一种颜色通道的数字图像，它可以设置灰阶的级别，如常用的8位/通道、16位/通道等，其位数的大小代表了通道中所包含的颜色信息量的多少，8位就是2^8，即256色，这是最常见的通道，16位就是2^{16}，即65 536色。

3. 双色调模式

双色调模式由灰度模式发展而来，但在双色调模式中颜色只是用来表示"色调"而已，因此，在这种模式下，彩色油墨只是用来创建灰度级别的，而不是创建彩色的。当油墨颜色不同时，其加入的颜色作为副色，可表现出较丰富的层次和质感。

4. 索引颜色模式

因为图像中所包含的颜色数目有限，为了减小图像文件的大小，人们设计了索引颜色模式。将一幅图转换为索引颜色模式后，系统将从图像中提取256种典型的颜色作为颜色表，子菜单下的"颜色表"菜单项被激活，选择该菜单项可调整颜色表中的颜色，或选择其他颜色表。

这种模式可极大地减小图像文件的存储空间（大概只有RGB模式图像文件的1/3），同时，这种颜色模式在显示上与真彩色模式基本相同，它多用于制作多媒体数据，如GIF动画。

5. RGB颜色模式

RGB颜色模式是一种利用红（Red）、绿（Green）、蓝（Blue）3种基本颜色进行颜色加法，配制出绝大部分肉眼能看到的颜色，一般主要用于屏幕显示。

Photoshop将24位的RGB图像看作由3个颜色信息通道组成，这3个颜色通道分别为红色通道、绿色通道、蓝色通道。其中每个通道使用8位颜色信息，该信息由0~255的亮度值来表示，这3个通道通过组合，可以产生1 670余万种不同的颜色，由于它的通道可以进行编辑，从而增强了图像的可编辑性。

6. CMYK颜色模式

CMYK颜色模式是一种印刷模式，其中的4个字母分别表示青、洋红、黄、黑4个通道。CMYK模式在本质上与RGB颜色模式没有什么区别，只是产生色彩的原理不同，RGB产生颜色的方法称为加色法，CMYK产生颜色的方法称为减色法，青、洋红、黄、黑4个通道内的颜色信息由0~100的亮度值来表示，因此，它所显示的颜色比RGB颜色模式要少。

7. Lab颜色模式

Lab颜色模式是以一个亮度分量L以及两个颜色分量a和b来表示颜色的。其中，L的取值范围为0~100，a分量代表了由绿色到红色的光谱变化，而b分量代表由蓝色到黄色的光谱变化，且a和b分量的取值范围均为-120~120。

通常情况下，Lab颜色模式很少使用，它是Photoshop内部的颜色模式，是所有模式中包含色彩范围（也称色域）最广的颜色模式，它能毫无偏差地在不同的系统和平台之间进行交换。

8. 多通道模式

将图像转换为多通道模式后，系统将根据原图像产生相同数目的新通道，但该模式下的每个通道都为256级灰度通道（其组合仍为彩色），这种显示模式通常用于处理特殊打印。用户删除了RGB、CMYK、Lab颜色模式中的某个通道后，图像会自动转换为多通道模式。

1.2 基本操作

1.2.1 调整图像

1. 调整图像大小

图像文件的大小是由文件的宽度、高度和分辨率决定的，图像文件的宽度、高度和分辨率数值越大，图像文件也就越大。

当图像的宽度、高度及分辨率无法符合设计要求时，可以执行"图像"→"图像大小"命令，通过改变宽度、高度及分辨率的分配来重新设置图像的大小。

(1) 单击"文件"→"打开"命令，打开素材中rw2.jpg文件，如图1-1-5所示。

(2) 单击"图像"→"图像大小"命令，如图1-1-6所示。

图 1-1-5　打开图像

图 1-1-6　单击"图像大小"命令

(3) 弹出"图像大小"对话框，在"宽度"栏填入宽度值，如果勾选"约束比例"复选框，高度可以不填，这样改变大小时图像不会变形，如果不勾选"约束比例"复选框，填入高度值时，图像会变形。"缩放样式"、"约束比例"和"重定图像像素"复选框是默认是勾选的，单击"确定"按钮，如图1-1-7所示。

2. 改变图像显示比例

在处理图像时，放大图像可以更方便地对图像细节进行处理，缩小图像可以更方便地观察图像的整体。放大或缩小图像的方法有以下3种：

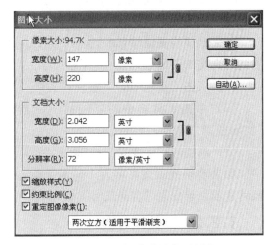

图 1-1-7　"图像大小"对话框

（1）单击工具箱中的"缩放工具"，然后将其移动到打开的图像上，光标呈 状，此时单击即可将图像放大一倍显示；若按住Alt键光标变为 状，此时单击即可将图像缩小1/2显示，如图1-1-8所示。

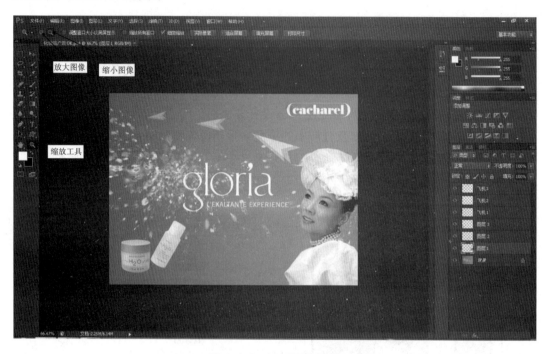

图 1-1-8　设置图像缩放

（2）拖动"导航面板"上的缩放滑杆，可以放大或缩小当前图像。

（3）单击"视图→放大"命令（快捷键为Ctrl＋＋），或"缩小"命令（快捷键为Ctrl＋-)，可使图像放大1倍或缩小1/2。按Ctrl＋Alt＋-或Ctrl＋Alt＋＋组合键可使窗口和图像一起缩小或放大。

如果希望将图像按100%显示，可以通过以下几种方法实现（100%显示的图像是用户看到的真实的图像效果）：

（1）双击工具箱中的"缩放"工具。

（2）单击工具箱中的"缩放"工具，右击图像窗口，从弹出的快捷菜单中单击"实际像素"命令。

（3）单击"实际像素"按钮。

如果希望视图按屏幕大小显示，单击"适合屏幕"按钮；如果希望图像以实际打印尺寸显示，可单击"打印尺寸"按钮

1.2.2　调整图像窗口

在编辑图像时，经常需要打开多个图像窗口。为了操作方便，可以根据需要移动窗口的位置、调整窗口的大小或在各窗口间进行切换等。

调整窗口的基本操作如下：

（1）在Photoshop CS6中任意打开一幅图像，此时窗口处于默认的显示大小状态，单击图像窗口标题栏并拖动即可移动窗口的位置，如图1-1-9所示。

（2）要使窗口最小化或最大化显示，可单击图像窗口右上角的"最小化"按钮或"最大化"按钮；如果想还原为默认大小，单击窗口右上角的"还原"按钮，如图1-1-10所示。

（3）图像窗口大小的调整，还可以通过鼠标左键拖动窗口边界来实现，当窗口在非最大和非最小化状态下，光标置于窗口边界时会变化为以下形状，如图1-1-11所示。

图 1-1-9　移动图像窗口

图 1-1-10　窗口最大化和还原按钮图标

图 1-1-11　调整窗口大小时的光标形状

同时打开多个窗口时，可以通过"窗口→排列"菜单中的"层叠、平铺、在窗口中浮动"等排列方式来改变窗口的显示状态，如图1-1-12所示。如果要使某一窗口成为当前窗口，单击该窗口或"窗口"菜单中的文件名即可。如果希望在各窗口循环切换，可用快捷键Ctrl+Tab或Ctrl+F6组合。

Photoshop CS6中，系统提供了3种屏幕显示模式：标准屏幕模式、带有菜单栏的全屏模式、全屏模式。这几种模式之间可以切换，切换的方法有两种。单击工具箱底部的"更改屏幕模式"按钮，如图1-1-13所示；在英文输入状态下，连续按F键切换。

图 1-1-12　排列菜单

1.2.3　设置前景色和背景色

在Photoshop中创作图像时，通常使用前景色绘画、填充或描边选区，使用背景色生成渐变填充，并在图像的抹除区域中填充。一些特殊的滤镜也使用前景色和背

图 1-1-13　屏幕显示模式

景色来生成效果。

前景色和背景色的图标位于工具箱下方，如图1-1-14所示。默认情况下，前景色为黑色，背景色为白色。单击 ■ "默认前景色和背景色"按钮，或者按D键，即可将前景色和背景色恢复为默认设置。按X键可将前景色和背景色互换。

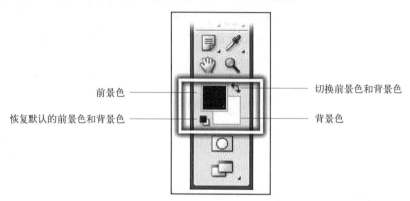

图 1-1-14　前景色和背景色设置工具

提示：在蒙版和通道中，默认的前景色与背景色为白色和黑色。关于蒙版和通道，将在后面的章节中进行详细讲解。

在Photoshop中，用户可以通过多种方法设置前景色和背景色。例如，可以使用"吸管"工具、"颜色"面板、"色板"面板或"拾色器"对话框来指定前景色或背景色。

（1）单击前景色或背景色图标，即可弹出"拾色器"对话框，如图1-1-15所示。

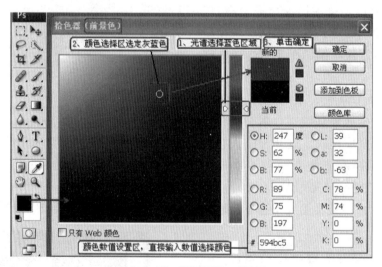

图 1-1-15　"拾色器"对话框

（2）在"拾色器"对话框中选择所需的颜色，单击"确定"按钮，前景色被改变。

（3）还可以使用"吸管"工具在图像或"色板"面板中单击，吸取所需的颜色，如图1-1-16所示。

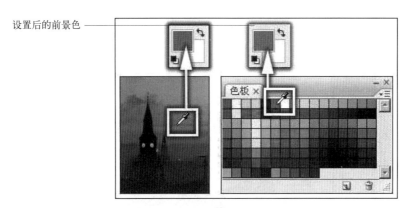

设置后的前景色

图 1-1-16　使用"吸管"工具吸取颜色

（4）按X键，或者单击工具箱中的 🔄 "切换前景色和背景色"按钮，即可将前景色和背景色切换，如图1-1-17所示。

在"颜色"面板中也可以设置前景色和背景色，如图1-1-18所示。

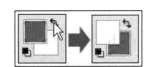

图 1-1-17　切换前景色和背景色

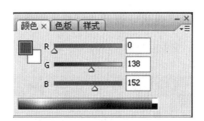

图 1-1-18　"颜色"面板

1.2.4　使用辅助工具

为了方便在处理图像时能够精确设置对象的位置和尺寸，系统提供了一些辅助工具，如标尺、参考线、网格等。下面分别讲解它们的使用方法。

1. 标尺

标尺的作用主要是精确定位图像。首先新建或打开一幅图像，然后单击"视图→标尺"命令，即可显示或隐藏水平/垂直标尺。

更改标尺单位：右击标尺，在弹出的快捷菜单中，单击相对应的单位，标尺单位即发生相应的变化，如图1-1-19所示。

2. 参考线

参考线可用于根据标尺确定某一点位置。参考线的创建有两种方法：

（1）单击"视图→新参考线"命令，弹出"新建参考线"对话框。在对话框中设置"取向"和"位置"后，单击"确定"按钮可新建一条参考线。

（2）在图像的"水平/垂直"标尺中按住鼠标左键并向图像窗口内拖动，可创建水平或垂直参考线。

利用"移动工具"可改变参考线的位置；通过"视图→清除"或"锁定"命令可清除或锁定参考线。

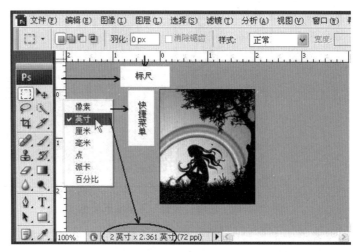

图 1-1-19　标尺单位设置

3. 网格

单击"视图→显示→网格"命令可显示或隐藏网格，如图1-1-20所示。

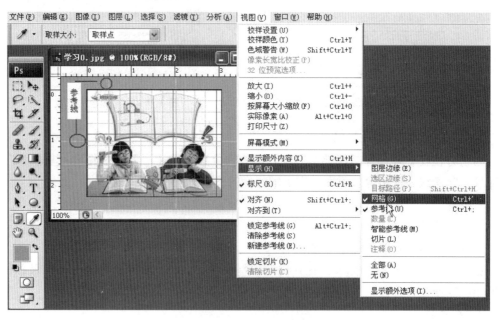

图 1-1-20　网格的设置

1.2.5　历史记录的功能

历史记录主要用于撤销误操作或保存编辑中的某个状态，使图像编辑工作更加方便、快捷。在进行图像编辑时，每次更改图像时，图像的新状态都会添加到历史记录面板中，如果有一些误操作，或需反复调整某一图像效果，在Photoshop中可以用恢复命令或"历史记录"面板撤销误操作，返回前一工作状态。还可以从当前状态切换到最近的任一操作或图像状态。

1. "历史记录"面板

要显示或隐藏"历史记录"面板，可单击"窗口→历史记录"命令。

图1-1-21所示为"历史记录"面板，它记录对当前图像所做过的每一步确认的编辑操作，可用于对操作的恢复和撤销，它的作用优于"编辑"菜单中的"撤销"和"恢复"操作。

1)"历史记录"面板

快照区：面板上方的缩略图，打开图像时默认创建的快照。单击此缩图可以恢复到打开时的状态。

单击"历史记录"面板中的任一行记录，将撤销该记录之后的所有操作，恢复到图像在该步骤时的状态。

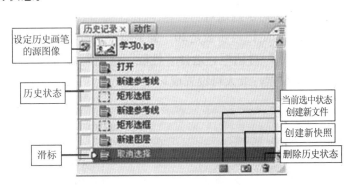

图 1-1-21　历史记录面板

单击历史记录前面的小方框▢，会出现"历史记录画笔"标志◙，表示在此位置设置历史记录画笔的来源。即设置该项后，使用"历史记录"画笔将会使图像恢复到该位置时所处的状态。

2)"历史记录"面板功能菜单

"历史记录"面板功能菜单如图1-1-22所示。

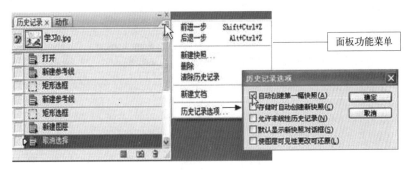

图 1-1-22　"历史记录"面板功能菜单

2. 创建和使用快照

（1）快照是图像在任一状态的临时副本。要在工作过程中保留某个状态，就可以建立该状态时的快照。新快照显示在"历史记录"面板顶部的快照表中。

（2）建立新快照的方法。

① 单击"历史记录"面板下方的照相机图标 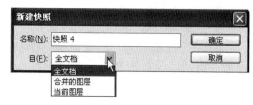。

② 单击"历史记录"面板右上方的图标 ，在弹出的菜单中单击"新建快照"命令，弹出"新建快照"对话框，如图1-1-23所示。

图 1-1-23 "新建快照"对话框

（3）建立新快照的方式有3种：

① 全文档：保留当时图像中的全部信息。

② 合并的图层：可创建合并图像在该状态时所有图层的快照。

③ 当前图层：仅创建选中的当前图层的快照。

3. Photoshop CS6历史记录数设置

Photoshop CS6的默认历史记录步数是20，如果需要更改参数，单击"编辑"→"首选项"命令，弹出"首选项"对话框，选择"性能"选项，如图1-1-24所示。在"历史记录状态"栏中，可改变数据，最大可设置成1 000。

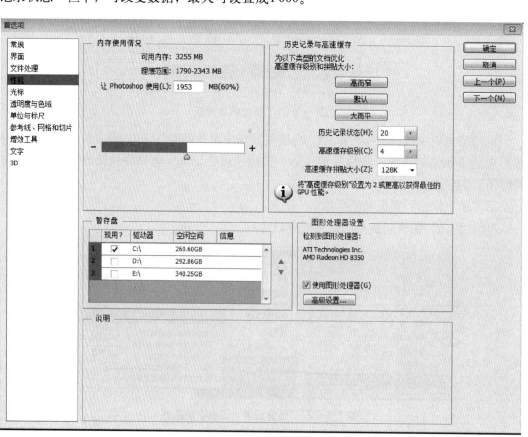

图 1-1-24 历史记录步数设置

1.3　案例讲解——制作网站主页

网站主页最终效果如图1-1-25所示。

图 1-1-25　网站主页最终效果

操作步骤：

（1）双击桌面上的Photoshop CS6的快捷图标，启动Photoshop CS6，单击"文件→新建"命令，弹出"新建"对话框，设置相应参数（名称：网站首页；预设："自定"；宽度：800像素；高度：600像素；分辨率：72像素；颜色模式：RGB颜色；背景内容：白色）。如图1-1-26所示，单击"确定"按钮即创建了新文件。

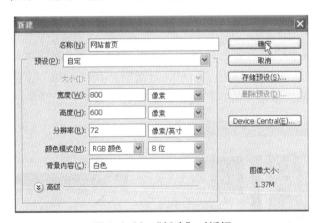

图 1-1-26　"新建"对话框

（2）设置标尺，单击"视图→标尺"命令，在文件中出现水平标尺和垂直标尺。再单击"视图→新建参考线"命令，弹出"新建参考线"对话框，在"取向"选项中选"水平"，"位置"设为"4 in"后，单击"确定"按钮，将在标尺水平位置4 in处显示一条蓝色参考线。同样的方法在6 in处设一条水平参考线。

然后在"取向"选项中选择"垂直"，位置分别设为1、4、7、10 in，单击"确定"

按钮，设置4条垂直参考线，如图1-1-27所示。

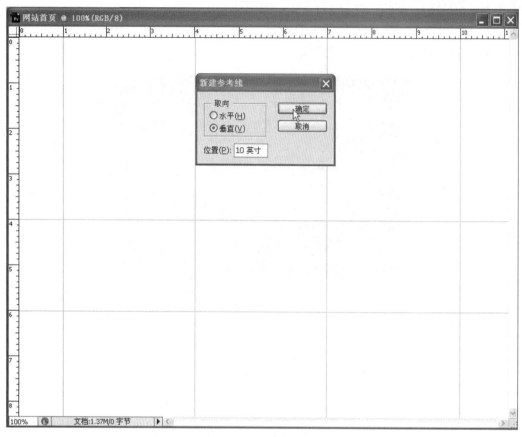

图1-1-27　设置标尺和参考线

（3）单击工具箱中的"前景色"图标，弹出"拾色器"对话框，选取一种颜色，然后单击"编辑→填充"命令，弹出"填充"对话框，在"使用"下拉列表中选择"前景色"，如图1-1-28所示，单击"确定"按钮，填充效果如图1-1-29所示。

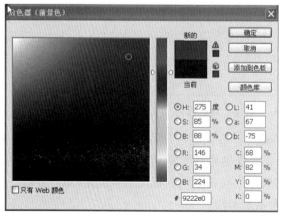
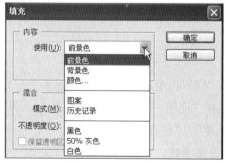

图1-1-28　前景色设置和填充

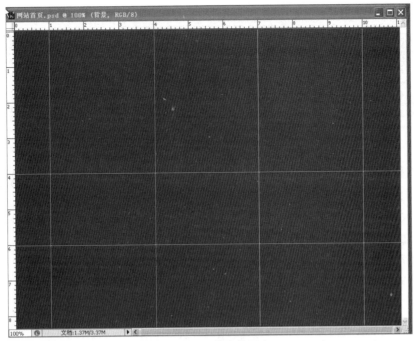

图 1-1-29　填充前景色

（4）单击"文件→打开"命令，弹出"文件"对话框，在"查找范围"选择素材文件夹，在"第一章素材"文件夹下选择"fj1.jpg"，单击"确定"按钮，即打开文件，如图1-1-30所示。用同样的方法，打开文件"fj2.jpg"和"fj3.jpg"，如图1-1-31所示。

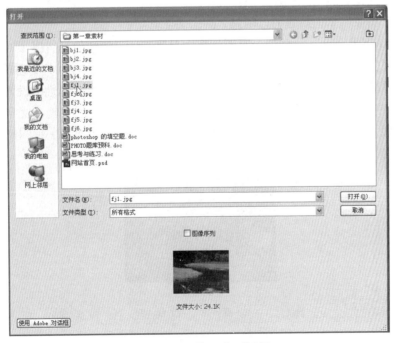

图 1-1-30　"打开"对话框

图 1-1-31　打开的 3 幅图

（5）重新调整每幅图片的大小，使它们与参考线分出的中间的3个长方形区域一样大小。首先单击第一幅图，菜单"图像→图像大小"命令，或按Alt+Ctrl+I组合键打开"图像大小"对话框，设置对话框各项参数如图1-1-32所示。单击"确定"按钮，第一幅画即调整完成。依次选中第二幅图，重设图像大小，单击"确定"按钮后，再选第三幅进行设置，高度和宽度输入的数据与第一幅设置相同。

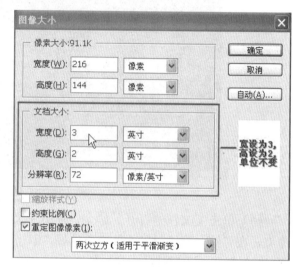

图 1-1-32　重设图像大小

（6）单击第一幅图，按Ctrl+A组合键，选取整个图像；然后按Ctrl+C组合键，复制整个图像；单击新建的"网站首页"，按Ctrl+V组合键，粘贴第一幅图。依次对第二、三幅图像进行以上处理。把三幅图像都粘贴到文件中。单击工具箱中的"移动工具"，把图片移动到合适的位置。

（7）设置前景色为白色，单击工具箱中的"横排文字工具"，属性栏设置文字大小为48点，如图1-1-33所示。将鼠标指针置于图像窗口，在图像上想要输入文字处单击，输入文字"度假木屋村庄"。同样的方法输入"健康自然休闲"，如图1-1-34所示（文字工具的使用方法将在后面章节详细介绍）。

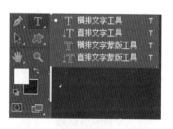

图 1-1-33　文字工具属性栏

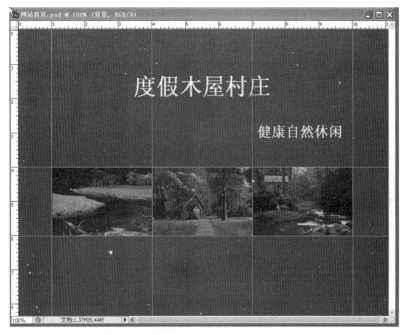

图 1-1-34　粘贴及输入文字后的效果

（8）简单的一个网站主页设计完成后，单击"文件→存储"命令，弹出"存储为"对话框，如图1-1-35所示，在"保存在"中选择文件的保存位置，文件名保持默认，格式选择PSD，单击"保存"按钮。

图 1-1-35　"存储为"对话框

单元 2

选 区 工 具

2.1 选框工具

2.1.1 矩形选框工具

矩形选框工具用于在被编辑的图像或图层中创建矩形选区，其工具属性栏如图1-2-1所示。选中该工具后，按住鼠标左键在画布中拖动，即可创建矩形选区。

图 1-2-1　矩形选框工具属性栏

属性栏中各参数的含义如下：

（1）■■■■  按钮组：用于控制选区的创建方式，按照图中顺序各按钮名称依次为创建一个新的选区、在现有的选区中添加新的选区、从现有的选区中减少选择范围、创建两个选区交叉的区域。

（2）羽化：使选区边缘柔化，产生模糊效果。羽化的选择范围0～250像素之间。羽化有向外扩展选择范围，向内收缩选择范围的作用。

（3）样式：有正常、固定比例、固定大小3种。用于控制矩形边框比例及大小的产生方式。

2.1.2 椭圆选框工具

椭圆选框工具用于创建椭圆形和正圆形的选区，其使用方法和工具栏属性与矩形选框工具相似，先设置好工具属性栏，然后按下鼠标左键拖动，释放鼠标后即可得到。若需产生正圆，按住Shift键拖动即可。勾选"消除锯齿"复选框，可以防止在创建选区时出现锯齿类不光滑现象，使选区的边缘平滑。当使用矩形选框工具时"消除锯齿"复选框是不可用的。

2.1.3　单行和单列选框工具

单行选框工具：用于在被编辑的图像或图层中创建沿水平方向1个像素高度的选区。

单列选框工具：用于在被编辑的图像或图层中创建沿垂直方向1个像素宽度的选区。

2.1.4　案例讲解——制作相框

操作步骤：

（1）打开素材"相框.jpg"和"照片.jpg"。

（2）新建文件"相框合成"。文件大小为36 cm×25 cm，其他参数默认值。

（3）在"照片.jpg"窗口中使用"矩形选框工具"拖出一个矩形选区，如图1-2-2所示，并复制到"相框合成"文件中。

图 1-2-2　创建矩形选区

（4）将"相框.jpg"文件全部选中，并复制到"相框合成"文件中。

（5）选择"椭圆选框工具"，在"相框合成"文件中绘制椭圆选区，如图1-2-3所示。

图 1-2-3　创建椭圆选区

（6）按Delete键删除选区中的内容，使下层人物图像显示出来，如图1-2-4所示。

图 1-2-4　删除椭圆选区内容

（7）分别单击工具箱中的"单行选框工具"和"单列选框工具"，并按住Shift键在"相框合成"文件中多次单击，同时创建多个单行和单列选区。

（8）将前景色设置为黄色（#fcfd7f），然后按Alt+Delete组合键为选区填充前景色，最终效果如图1-2-5所示。

图 1-2-5　相框效果图

2.2　套索工具

2.2.1　套索工具简介

套索工具用于创建不规则的曲线选区。使用方法是按住鼠标左键进行拖动，随着鼠标的移动可形成任意形状的选择范围。如果拖动鼠标指针到起点就会形成一个封闭的选区，如图1-2-6所示。若未拖动到起点便释放鼠标，将以直线的方式自动把起点和终点连接起来形成闭合曲线。

图 1-2-6　使用"套索工具"绘制的选区

2.2.2　多边形套索工具

多边形套索工具用于创建具有直线或折线样式的多边形选区。使用方法是先在图像中单击创建选区的起始点，然后通过拖动鼠标拖动出直线并连续单击，创建其他直线点，最后双击即可完成最后一点和第一点的闭合。

2.2.3　磁性套索工具

磁性套索工具用于在图像中沿图像颜色反差较大的区域绘制选区，在拖动鼠标的过程中自动捕捉图像中物体的边缘以形成选区。使用方法是按住鼠标左键不放沿图像的轮廓拖动鼠标，系统自动捕捉图像中颜色反差较大的图像边界自动产生锚点，如图1-2-7所示，当鼠标指针到达起始点时单击即可完成选区的创建，如图1-2-8所示。

图 1-2-7　"磁性套索工具"绘制中产生的锚点　　图 1-2-8　使用"磁性套索工具"绘制的选区

磁性套索工具属性栏如图1-2-9所示。

| ♥ ▾ | ■ ⬚ ⬚ ⬚ | 羽化: 0 px | ☑ 消除锯齿 | 宽度: 10 px | 对比度: 10% | 频率: 57 | ✐ | 调整边缘… |

图 1-2-9　磁性套索工具属性栏

磁性套索工具属性栏中各参数的含义如下：

（1）宽度：数字范围为1～40像素，用于设置选取时检索的范围，数字越大，寻找的范围也越大。

（2）对比度：数字范围为1%～100%，用来设置套索对边缘的敏感度，数字较大时，能够检索到那些和背景对比度非常大的物体边缘；数字较小时，只能检索到低对比度的边缘。

（3）频率：数字范围为0～100，用来设定套索连接点的连接速率或密集程度。频率越高，越能更快地固定选择边缘。

对于图像中边缘不明显的物体，可设定较小的宽度和对比度，跟踪的选择范围会比较准确。通常来讲，设定较小的宽度和较高的对比度，会得到较高的选择范围；反之，设定较大的宽度和较小的对比度，得到的选择范围会比较粗糙。

2.2.4 案例讲解——制作圣诞贺卡

操作步骤：

（1）打开素材"婴儿.jpg"、"盒子.jpg"、"帽子.jpg"和"圣诞贺卡背景.jpg"

（2）使用"套索工具"选择婴儿，并设置羽化值为10像素，并复制到"圣诞贺卡背景.jpg"文件中。

（3）使用"多边形套索工具"选择盒子，并复制到"圣诞贺卡背景.jpg"文件中。

（4）使用"磁性套索工具"选择帽子，并复制到"圣诞贺卡背景.jpg"文件中。

最终效果如图1-2-10所示。

图 1-2-10　圣诞贺卡效果图

2.3　魔棒工具

2.3.1　魔棒工具

魔棒工具是一种自动选择工具，在处理图像时，当需要选择具有相似颜色的图像时，使用它可以实现选取。其原理是基于图像中相邻像素的颜色近似度进行选取。颜色的近似程度由容差值决定。其工具属性栏如图1-2-11所示。

图 1-2-11　魔棒工具属性栏

魔棒工具属性栏中各参数的含义如下：

（1）容差：取值范围为0~255，数值越小，选择的颜色值就接近，得到的选区范围就越小、数值越大，则可选择的区域就越大，如图1-2-12所示，容差取值分别为20、50、100。

容差20　　　　　　　容差50　　　　　　　容差100

图 1-2-12　选择容差

（2）消除锯齿：选中该复选框可以消除选区边缘的锯齿。

（3）连续：选中该复选框表示只选择颜色相近的连续区域、取消选中该复选框，则会选取所有颜色相近的区域，区域可以不连通。

（4）对所有图层取样：当选中该复选框并在任意一个图层上使用魔棒工具时，则所有图层上与单击处颜色相似的地方都会被选中。

（5）取样大小：如图1-2-13所示，有7种选择。

图 1-2-13　取样大小

2.3.2　快速选择工具

快速选择工具可以不用任何按键的辅助进行加选，对于选择颜色差异大的图像会非常直观、快捷。使用时按住鼠标左键不放可以像绘画一样选择选区。

2.3.3　案例讲解——制作汽车广告

操作步骤：

（1）打开素材"车模.jpg"、"轿车.jpg"和"汽车广告背景.jpg"。

（2）在"车模.jpg"窗口中用"魔棒工具"选中背景，然后"反向选择"选中模特，并复制到"汽车广告背景.jpg"文件中。

（3）在"轿车.jpg"窗口中用"快速选择工具"选中汽车，并复制到"汽车广告背景.jpg"文件中。最终效果如图1-2-14所示。

图 1-2-14　汽车广告效果图

2.4 选区的编辑

2.4.1 描边选区

选区的描边就是对选区的边框使用某种固定的颜色来填充。

单击"编辑"→"描边"命令，弹出图1-2-15所示的"描边"对话框，在对话框中设置相应的参数，进行描边。

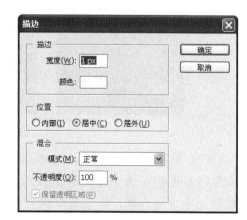

图 1-2-15 "描边"对话框

"描边"对话框中各参数的含义如下：

（1）宽度：设置描边后生成填充线条的宽度，值在1～250之间。不同的宽度描边后的效果如图1-2-16和图1-2-17所示。

（2）颜色：用于设置描边的颜色。

（3）位置：设置描边的位置，"内部"单选按钮表示在选区边框以内进行描边；"居中"单选按钮表示以选区边框为中心进行描边；"居外"单选按钮表示在选区边框以外进行描边。

（4）混合：设置描边后颜色的着色模式和不透明度。

（5）保留透明区域：选中该复选框后，进行描边时将不会影响原图层中的透明区域。

图 1-2-16 使用 2 像素宽度描边后的效果

图 1-2-17 使用 6 像素宽度描边后的效果

2.4.2 填充选区

"填充"命令可以为指定的选区填入颜色或图案。

单击"编辑→填充"命令，弹出图1-2-18所示的"填充"对话框，在对话框中设置相应的参数，进行填充。

"填充"对话框中各参数的含义如下：

（1）内容：设置选区要填充的内容，可以使用前景色、背景色、自定义颜色、图案等填充。

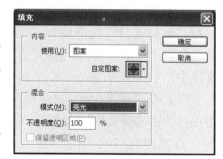

图 1-2-18 "填充"对话框

（2）模式：用于设置不透明度和色彩混合模式。

（3）保留透明区域：用于填充时，保留图层中的透明部分不进行填充，该复选框只对透明图层有效。

2.4.3　渐变工具组填充的方式

1. 使用渐变工具填充

渐变工具能够将两种及两种以上的颜色，以色彩渐变过渡的方式来填充区域。单击工具箱中的"渐变工具" ，其工具属性栏如图1-2-19所示。

图 1-2-19　渐变工具属性栏

工具栏中各参数含义如下：

（1）■■■■：单击其下拉按钮，打开图1-2-20
所示的渐变工具面板，可从面板中选择填充渐变的
颜色。

（2）■■■■■：从左向右各个按钮的作用如下。

① 从起点到终点以直线方向进行颜色的线性渐变。

② 从起点到终点以圆形沿半径方向进行颜色的径
向渐变。

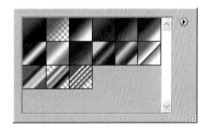

图 1-2-20　渐变工具面板

③ 围绕起点按顺时针方向进行颜色的角度渐变。

④ 在起点两侧进行颜色的对称渐变。

⑤ 从起点向外侧以菱形方式进行颜色的菱形渐变。

（3）模式：用于设置填充的渐变颜色与其下面的图像如何进行混合。

（4）不透明度：用于设置填充渐变颜色的透明程度。

（5）反向：选中该复选框，掉转了渐变方向，产生的渐变颜色与设置的渐变顺序相反。

（6）仿色：选中该复选框，使渐变色彩过渡更加平滑。

（7）透明区域：选中该复选框，能使渐变色中的透明设定生效。

上述参数设定完成后，定位起点，按住鼠标左键并拖动到终点后释放鼠标，即可进行渐变填充。拖动的方向和长短不同，渐变效果也不同。图1-2-21所示是5种渐变效果图。

图 1-2-21　5 种渐变效果图

2. 使用油漆桶工具填充

油漆桶工具用来对图像的可选区域进行颜色和图案的填充。单击工具箱中的"油漆桶工具"，其工具属性栏如图1-2-22所示。

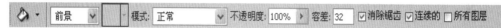

图 1-2-22　油漆桶工具属性栏

工具栏中各参数的含义如下：

（1）前景：填充的内容可以是前景色或是图案。

（2）容差：设置填充时的色彩范围，0~255，值大，范围就大。

（3）消除锯齿：选中该复选框，填充图像后的边缘会变得平滑。

（4）连续的：选中该复选框，填充与单击处颜色一致且连续的区域。

（5）所有图层：选中该复选框，将对所有可见图层有效。

上述参数设定完成后，在选定的区域单击，即可完成油漆桶填充的操作过程。

2.4.4　案例讲解——制作手机广告

操作步骤：

（1）打开素材"广告文字.jpg"、"手机屏幕.jpg"、"手机.jpg"、"广告背景.jpg"和"炫彩.psd"文件。

（2）设置"广告背景.jpg"图像窗口为当前窗口。单击工具箱中的"椭圆选框工具"，在其工具属性栏中设置"羽化"为"20px"，在图像窗口中绘制椭圆形选区，如图1-2-23所示。

制作手机广告

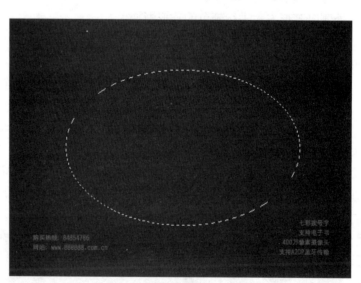

图 1-2-23　绘制椭圆选区

（3）设置前景为蓝灰色（#5e7fbf），背景色为紫灰色（#be6ba7），单击工具箱中的渐变工具，在其工具属性栏中单击"菱形渐变"按钮，然后从选区中心向旁边拖动鼠标，为选区填充渐变效果。然后取消选区，如图1-2-24所示。

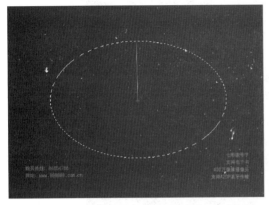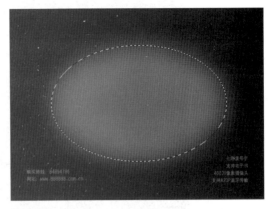

图 1-2-24　填充渐变

（4）在"广告文字.jpg"图像窗口单击，将其设置为当前窗口。单击工具箱中的"魔棒工具"并在属性栏中设置"容差"为20，取消勾选"连续"复选框，然后使用该工具选取图中的黑色文字，如图1-2-25所示。

图 1-2-25　创建文字选区

（5）为选区填充"色谱"、线性渐变，然后用"移动工具"将文字移动到"广告背景.jpg"图像窗口中，如图1-2-26所示。

（6）选择合适的工具将"手机.jpg"图像中的手机移动到"广告背景.jpg"图像窗口中，调整手机大小并放置在图1-2-27所示的位置。

图 1-2-26　文字最终效果　　　　　图 1-2-27　移动手机效果

（7）设置"手机屏幕.jpg"图像窗口为当前窗口，按Ctrl+A组合键，将图像全部选中，单击"编辑→拷贝"命令，进行复制。

（8）设置"广告背景.jpg"图像窗口为当前窗口，单击工具箱中的"多边形套索工具"，将手机屏幕制作成选区，然后单击"编辑→选择性粘贴→贴入"命令，将手机屏幕粘贴到选区内，并调整位置和大小，如同1-2-28所示。

图 1-2-28　制作手机屏幕

（9）将"炫彩.psd"中的图像移动到"广告背景.jpg"图像窗口中，一张手机广告便制作完成，效果如图1-2-29所示。

图 1-2-29　最终效果图

单元 3

移 动 变 换

3.1 移动变换

3.1.1 移动工具

1. 整体移动图像

在当前选定的图层上，将图像从一个地方移动到另一个地方。首先要选择好准备移动的图像，确保"移动工具"作为当前工具，然后在选取的图像上按住鼠标左键并拖到目标位置后，释放鼠标即可。

2. 局部移动图像

局部移动就是对整个图像中的部分图像进行移动，应先使用选取工具在图像中创建选区，然后利用"移动工具"完成操作。

无论是整体移动还是部分移动图像，如果在移动的同时按住Alt键，则能实现图像之间的复制。

3. 文件之间图像的移动

在Photoshop中同时打开准备进行图像移动的文件，可以是两个或两个以上的文件，选择要复制的图像所在的图层，既可以选中图层上的全部图像，也可以选择图层上的部分图像，通过"移动工具"拖动图像从一个文件窗口到另一个文件窗口，然后释放鼠标，即可实现文件之间图像的移动。

3.1.2 变换操作

1. 自由变换

"自由变换"命令可以对选中的对象进行大小、角度的调整，该命令在"编辑"菜单中，也可以通过快捷键Ctrl+T执行。

2. 变换命令

单击"编辑→变换"命令，如图1-3-1所示，选择相应的命令，可对图像执行相应的变换操作。

再次(A)	Shift+Ctrl+T
缩放(S)	
旋转(R)	
斜切(K)	
扭曲(D)	
透视(P)	
变形(W)	
旋转180度(1)	
旋转90度(顺时针)(9)	
旋转90度(逆时针)(0)	
水平翻转(H)	
垂直翻转(V)	

3.2 案例讲解

3.2.1 制作酒广告

操作步骤：

制作酒广告

图1-3-1 "变换"菜单

（1）打开素材"酒瓶.psd"、"商标.psd"和"酒广告背景.jpg"文件。

（2）打开素材"酒瓶.psd"文件，单击工具箱中的"移动工具"，按住Alt键拖动鼠标，在酒瓶的右端再复制一个酒瓶，按Ctrl+T组合键进行自由变换图像，按住Shift键拖动控制柄，等比例放大酒瓶，按Enter键确认操作，如图1-3-2所示。

（3）使用"矩形选框工具"选中两个酒瓶，单击"编辑→合并拷贝"命令，再单击"编辑→粘贴"命令把两个酒瓶整体复制，单击"编辑→变换→水平翻转"命令，使其水平翻转，并移动到图1-3-3所示的位置。

图1-3-2 复制并放大酒瓶

图1-3-3 复制变换图层

（4）在"图层"面板中单击"图层1副本"图层，用"移动工具"复制图层，并把复制后的图层移动到顶层，按Ctrl+T组合键把复制的图层放大，移动到图1-3-4所示的画面中间位置。

（5）使用"矩形选框工具"选中所有酒瓶并合并复制到"酒广告背景.jpg"文件窗口中，放置在图1-3-5所示的位置。

（6）复制酒瓶图层，单击"编辑→变换→垂直翻转"命令，使该图层垂直翻转。在"图层"面板中调整"透明度"为22%，移动到图1-3-6所示的位置。

（7）将"商标.psd"文件中的商标移动到"酒广告背景.jpg"图像窗口中，最终效果如图1-3-7所示。

图 1-3-4　复制变换图层

图 1-3-5　合并复制效果

图 1-3-6　垂直翻转效果

图 1-3-7　最终效果图

3.2.2　制作瓷瓶效果图

操作步骤：

（1）打开素材"瓷瓶.jpg"和"图案.jpg"图片文件。

（2）利用"移动工具"将国画图案拖到瓷瓶图像中，为了方便下面的操作，在"图层"面板中将国画图案的透明度设置为50%，这时国画图案成半透明状态，如图1-3-8所示。

（3）按Ctrl+T组合键，在国画图案的四周显示自由变形框，按住Shift键拖动变形框的拐角控制点，成比例缩小图案至瓷瓶肚大小，如图1-3-9所示。

（4）单击"编辑→变换→变形"命令，此时变形框转变成了变形网格，如图1-3-10所示。

（5）将光标移至变形网格角点位置上，按下鼠标并拖动，可改变控制点的位置，将光标移动至角点控制柄上，拖动鼠标改变控制柄的长度和角度，以使图案适合瓶身的弧度，如图1-3-11所示。

制作瓷瓶效果图

图1-3-8 拖入图片并改变透明度

图1-3-9 成比例缩小图像

图1-3-10 选择"变形"命令

图1-3-11 调整变形框

（6）继续调整其他控制点和控制柄，以使图案的形状与瓶身吻合。调整满意后按Enter键确认，并在"图层"面板中将透明度改为100%，如图1-3-12所示。

（7）为了使贴图效果更为自然，在"图层"面板中设置国画图案层的混合模式为"正片叠底"，得到最终效果，如图1-3-13所示。

图1-3-12 应用变形操作并改变透明度

图1-3-13 最终效果

单元 4

绘制纠错工具

4.1 画笔工具

4.1.1 画笔工具简介

"画笔工具"既可以绘制出边缘柔和的线条，也可以画出特殊的效果图像。

单击工具箱中的"画笔工具" ，其工具属性栏如图1-4-1所示。

图 1-4-1 画笔工具属性栏

工具栏中各参数的含义如下：

（1） ：设置笔头的大小和样式。单击其右侧的下拉按钮，弹出图1-4-2所示的"画笔预设"选取器。

① 大小：设置画笔笔头的大小，可在右侧的数值框中输入数值也可以拖动滑动条上的滑块来设置。

② 硬度：设置画笔边缘的晕化程度，产生湿边效果，值越小，晕化越明显。

③ 画笔样式列表框：设置画笔笔头样式。

（2） 按钮：单击该按钮切换画笔面板，如图1-4-3所示。

在此面板可以进一步对画笔进行设置，包括画笔笔尖形状、形状动态、散布、颜色动态等。

（3）模式：设置当前使用的绘图颜色如何与图像原有的底色进行混合。

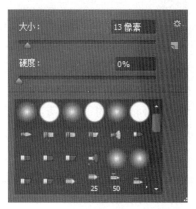

图 1-4-2 "画笔预设"选取器

（4）不透明度：设置画笔颜色的透明度，范围为1%～100%，值越大，不透明度越高。

（5）流量：设置绘图时颜色的压力程度，值越大，画笔笔触越浓。

（6）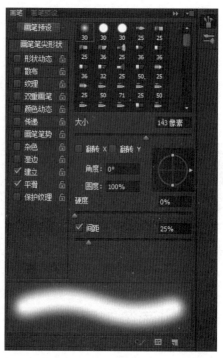按钮：单击该按钮可以将画笔工具切换为喷枪工具进行绘图，画出比较柔和的线条。

在上述参数设置完成后，将鼠标指针移动到图像编辑区中单击或按住鼠标左键不放进行拖动即可以使用前景色绘制图像。

4.1.2 铅笔工具

铅笔工具与画笔工具的设置和使用方法相似，其工具属性栏如图1-4-4所示。

其参数的设置与画笔工具一样，但是它增加了"自动抹除"参数。当选中该复选框时，铅笔工具具有擦除功能，即在绘制过程中笔头经过与前景色一致的图像区域时，自动擦除前景色而填入背景色。

图 1-4-3 "画笔"面板

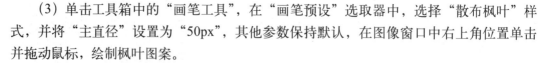

图 1-4-4 铅笔工具属性栏

4.1.3 案例讲解——制作桌面壁纸

制作桌面壁纸

操作步骤：

（1）打开素材"壁纸背景.jpg"文件。

（2）在"壁纸背景.jpg"窗口中，将前景色设置为橙色（#f09647），背景色设置为白色。

（3）单击工具箱中的"画笔工具"，在"画笔预设"选取器中，选择"散布枫叶"样式，并将"主直径"设置为"50px"，其他参数保持默认，在图像窗口中右上角位置单击并拖动鼠标，绘制枫叶图案。

（4）载入"特殊效果画笔"，并选择"缤纷蝴蝶"样式，打开"画笔"面板，单击面板左侧列表中的"画笔笔尖形状"选项，设置"直径"为"60像素"，"间距"为"100%"，如图1-4-5所示。

（5）单击面板左侧列表中的"形状动态"，然后在其右侧的参数设置区中将"大小抖动"为90%，其他参数保持默认。并取消勾选左侧列表中的"颜色动态"复选框，如图1-4-6所示。

（6）在图像窗口中左下方位置单击并拖动鼠标，绘制蝴蝶。

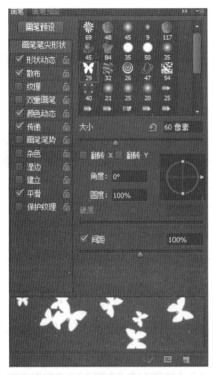

图 1-4-5　"画笔笔尖形状"选项

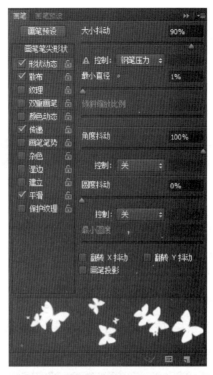

图 1-4-6　"画笔"面板"形状动态"选项

（7）设置前景色为黄色（#effd52），单击工具箱中的"铅笔工具"，在画布左上角按住鼠标左键并拖动绘制"hello"字样。

最终效果如图1-4-7所示。

图 1-4-7　桌面壁纸效果图

4.2 橡皮工具

4.2.1 橡皮擦工具

橡皮擦工具可以用来擦去图像中的图案和颜色，其属性栏如图1-4-8所示。

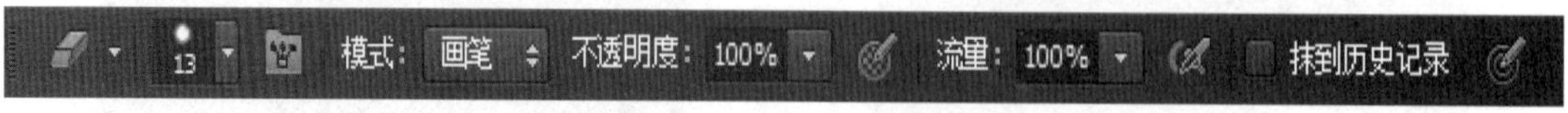

图1-4-8　橡皮擦工具属性栏

该工具属性中各参数的含义如下：

（1）模式：设置橡皮擦的笔触形状，包含"画笔"、"铅笔"和"块"3个选项。

（2）抹到历史记录：选中该复选框时，被擦拭的区域将以设定的模式恢复到最近一次存盘，或"历史记录"面板中选中的状态。

4.2.2 背景橡皮擦工具

背景橡皮擦工具可以有选择地擦除图像内容，使用时，首先要指定一种需要擦除的背景色，其工具属性栏如图1-4-9所示。

图1-4-9　背景橡皮擦工具属性栏

该工具属性栏中各参数的含义如下：

（1）限制：用于设置擦除边界的方式，包含3种方式。

①"不连续"方式：将图层上所有取样颜色擦拭删除。

②"连续"方式：只将与擦拭区域相连的颜色擦拭删除。

③"查找边缘"方式：可以擦除包含取样颜色的连续区域，同时更好地保留形状边缘的锐化程度。

（2）容差：用来设置擦除图像或选取的容差范围。数值越大，擦除的颜色范围越大。

（3）保护前景色：选中该复选框，可以使与前景色相同的区域不被擦除。

（4）取样按钮组  　：用于设置所要擦除颜色的取样方式，包含3种方式。

①"连续"方式：在擦除时随着鼠标的移动不断取样颜色，背景色也相应地变化，鼠标指针经过的地方取样的颜色会被擦除。

②"一次"方式：以鼠标指针第一次单击的地方为取样颜色，然后取同样颜色的部分擦除，每次单击只能做一次连续的擦除。

③"背景色板"方式：擦除与背景色相同或相近的色彩范围。

4.2.3　魔术橡皮擦工具

魔术橡皮擦工具实际上是魔棒工具与背景橡皮擦工具的结合，它与魔棒工具相似，使用该工具时，相同颜色区域将被擦掉而变成透明的区域。

4.2.4　案例讲解——制作口红广告

操作步骤：

（1）打开素材："口红.jpg"、"女人.jpg"和"口红背景.jpg"。

（2）在"口红.jpg"窗口中，使用"魔术橡皮擦工具"将背景色擦除，用"移动工具"将口红拖至"口红背景.jpg"图像窗口中，并放置在窗口的左下侧。

（3）使用"吸管工具"在人物的头发上单击进行取样，将头发颜色设置成前景色。然后按住Alt键在人物的背景上单击进行取样，将人物的背景色设置为当前背景色。

（4）单击工具箱中的"背景橡皮擦工具"，勾选"保护前景色"复选框，并选中"背景色板"取样按钮，如图1-4-10所示。参数设置好后，在人物的背景上按住鼠标左键涂抹，人物和头发就从背景中抠取出来了。

制作口红广告

图 1-4-10　设置"背景橡皮擦工具"参数

（5）将人物图像拖至"口红背景.jpg"图像窗口中，可以看到人物边缘一些细小的地方擦除不干净。此时可将图像放大，再将"背景橡皮擦工具"的"容差"值设置高一些，继续涂抹擦除多余区域。

（6）如果还有背景没有擦除，可使用"橡皮擦工具"将其擦除，使画面更完美。最终效果如图1-4-11所示。

图 1-4-11　口红广告效果图

4.3 图章工具

4.3.1 仿制图章工具

仿制图章工具使用时，需要先从源图像中取样，然后再将取样复制到同一图像的不同位置或其他图像的窗口中，仿制图章工具属性栏如图1-4-12所示。

图 1-4-12 仿制图章工具属性栏

属性栏中各参数的含义如下：

（1）画笔：选择画笔的样式。

（2）模式：选择颜色的混合模式。

（3）不透明度：设置复制图像的不透明度。

（4）流量：绘图时墨水的流畅程度。

（5）对齐：选中该复选框，复制将始终与取样保持对齐。复制中断后再次复制会接着前面未复制完成的图像继续复制；如果不选中该复选框，复制过程中断后，再次复制将重新复制，与前一次复制的图像无关。

（6）样本：设置用来取样的图层。可以从所有图层中取样。

使用仿制图章工具的操作方法如下：

（1）单击工具箱中的仿制图章工具，定位光标到图像中要复制的位置。

（2）按住Alt键，单击鼠标进行定点取样，如图1-4-13所示。

（3）释放Alt键，将光标移动到要复制的位置，按住鼠标拖动即可完成复制操作，如图1-4-14所示。

图 1-4-13 复制前的图像

图 1-4-14 复制后的图像

4.3.2 图案图章工具

图案图章工具的使用方法和仿制图章工具基本相同，但图案图章工具复制的图像是程序给出的图案或用户自定义的图案。图案图章工具属性栏如图1-4-15所示。

图 1-4-15 图案图章工具属性栏

　　使用图案图章工具时，单击工具属性栏中的 ▣ 按钮，在弹出的图案列表框中选择需要的图案进行复制，也可以将现有的图案或图案中的一部分定义为图案进行复制。

　　使用自定义图案的操作方法如下：

　　（1）打开一个图像文件，用"选择工具"选取需要定义为图案的部分。

　　（2）单击"编辑→定义图案"命令，在弹出的"图案名称"对话框中定义名称。

　　（3）单击工具箱中的"图案图章工具"，选取定义好的图案，在要复制的图像窗口中拖动鼠标即可进行复制操作。图1-4-16所示为自定义图案图像，图1-4-17所示为使用自定义图案复制后的图像。

图 1-4-16　自定义图案图像

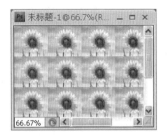

图 1-4-17　使用自定义图案复制后的图像

4.3.3　案例讲解——美化照片

操作步骤：

　　（1）打开素材："美化照片.jpg"和"图案.jpg"。

　　（2）在"美化照片.jpg"图像窗口中单击工具箱中的"仿制图章工具"，修复照片底部的文字，如图1-4-18所示。

　　（3）在"图案.jpg"图像窗口中，单击"编辑→定义图案"命令，在弹出的"图案名称"对话框中输入"花朵"作为图案的名称，将"图案.jpg"文件定义成图案，如图1-4-19所示。

美化照片

图 1-4-18　修复图像

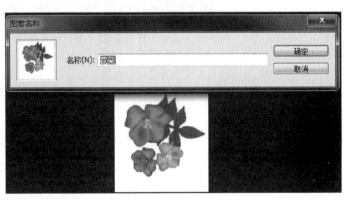

图 1-4-19　定义图案

　　（4）使用"魔棒工具"选取白色上衣。

　　（5）单击工具箱中的"图案图章工具"，设置笔刷"主直径"为"125px"，"模式"

为"正片叠底"，然后单击"图案"右侧的下拉按钮，在"图案"下拉列表中选择前面定义的"花朵"图案，如图1-4-20所示。

图 1-4-20　图案图章工具属性栏

（6）在衣服选区内拖动鼠标，填充图案，最后取消选区。人物衣服被快速更换的同时保持了原有的褶皱和纹理。最终效果如图1-4-21所示。

图 1-4-21　美化照片效果

单元5

修复调整工具

5.1.1 污点修复画笔工具

污点修复画笔工具用来修复图像中出现的污点，其工具属性栏如图1-5-1所示。

图 1-5-1　污点修复画笔工具属性栏

污点修复画笔工具属性栏中各参数的含义如下：

（1）画笔：用来设置画笔大小和样式。

（2）模式：用来设置绘制后生成图像与底色之间的混合模式。

（3）类型：用来设置在修复过程中采用何种修复类型，选中"近似匹配"单选按钮，系统将根据当前图像周围的像素进行污点修复；选中"创建纹理"单选按钮，系统将根据当前图像周围的纹理自动创建一种相似的纹理进行修复；选中"内容识别"单选按钮，系统会通过自动识别功能修复当前图像。

（4）对所有图层取样：勾选该复选框将从所有可见图层中对数据取样。

设置完参数后，单击图像中污点所在的位置即可，修复后的图像区域会不留痕迹地融入到周围图像中。图1-5-2所示为准备修复的图像，图1-5-3和图1-5-4所示是修复后的图像。

图 1-5-2　原始图像

图 1-5-3　近似匹配修复

图 1-5-4　创建纹理修复

5.1.2　修复画笔工具

修复画笔工具可以使画面中的瑕疵轻松地消失在周围的图像中。它与仿制图章工具的使用有相似之处，此工具在修复之前要先取样，然后再用取样的图像去修复，其工具属性栏如图1-5-5所示。

图 1-5-5　修复画笔工具属性栏

修复画笔工具属性栏中各参数的含义如下：

（1）源：当选中"取样"单选按钮时，修复图像前，需要先定位取样点，取样点来源于当前图像，修复过程中以取样点的像素来修复。

当选中"图案"单选按钮时，修复图像是按照"图案"下拉列表框中选定的图案内容来修复的。

（2）对齐：当勾选该复选框时，将以同一基准点对齐，即使多次复制图像，复制出来的图像仍然是同一幅图像；若不勾选该复选框，则多次复制出来的图像是多幅以基准点为模板的相同图像。

修复画笔工具的操作方法如下：

（1）打开要修复的图像。

（2）单击工具箱中的"修复画笔工具"，在工具属性栏中设置参数。

（3）将鼠标指针移动到图像取样处，按住Alt键的同时通过单击设置取样点。

（4）对需要修复的图像部分拖动鼠标进行修复。

修复后的图像区域会与周围区域有机地融合在一起。

在选择"图案"样式修复图像时只改变修复区域图像的图案而不改变图像本身的色调。

5.1.3　修补工具

修补工具是一种很实用的修复工具，它可以用其他区域或图案中的像素来修复选中的区域，其工具属性栏如图1-5-6所示。

图 1-5-6　修补工具属性栏

修补工具属性栏中各参数的含义如下：

（1）源：先选取要修补的图像的区域，然后拖动这个区域到图像上用于取样的区域进行修复。

（2）目标：与"源"相反，先在图像上选取一块用来覆盖被修复区域的范围，然后拖动这一范围到要修复的区域上进行修复。

（3）使用图案：先选择一块要填充的区域，然后在"使用图案"下拉列表中选取一种图案，再单击工具属性栏中的"使用图案"按钮即可。

修补工具的操作方法如下：

（1）打开要修复的图像。

（2）单击工具箱中的"修补工具"，在工具属性栏中设置参数，选择一种"修补"方式修复图像。

（3）拖动鼠标后，系统会自动进行修复。

5.1.4　内容感知移动工具

内容感知移动工具有两大作用：移动与复制。

（1）感知移动功能：这个功能主要是用来移动图片中的主体，并随意放置到合适的位置。Photoshop会智能修复移动后的空隙位置。

（2）快速复制：选取想要复制的部分，移到其他需要的位置即可实现复制，复制后的边缘会自动柔化处理，跟周围环境融合。

内容感知移动工具属性栏如图1-5-7所示。

图 1-5-7　内容感知移动工具属性栏

内容感知移动工具属性栏中各参数的含义如下：

（1）模式：有"移动"与"扩展"选项。

① 移动：该选项的作用是剪切与粘贴。

② 扩展：该选项的作用是复制与粘贴。

（2）适应：选项的作用是指对移动目标边缘与周围环境融合程度的控制，即融合程度的强度。具体选项如图1-5-8所示。

图 1-5-8　"适应"选项

1. 移动作用

移动作用有两种用法：单纯的移动；移除。

1）移动

（1）打开素材"fj1.jpeg"，如图1-5-9所示。

图 1-5-9　原图

（2）单击工具箱中的"内容感知移动工具"，在工具属性栏中设置"模式"为"移动"，"适应"为"非常严格"。按住鼠标左键拖动光标，在要移动的图像（房子）轮廓周围画线，当所画线条首尾衔接时便会形成选区，如图1-5-10所示。

图 1-5-10　形成选区

（3）用鼠标指针指向选区，按住鼠标左键"拖动"选区，移动到一定的地方以后释放鼠标左键。按控制键+D组合键取消选区，房子移动到新的位置，如图1-5-11所示。

图 1-5-11　移动后的效果

2）移除

（1）打开素材"fj1.jpeg"，如图1-5-9所示。

（2）单击工具箱中的"内容感知移动工具"，在工具属性栏中设置"模式"为"移动"，"适应"为"非常严格"。按住鼠标左键拖动光标，在要移除的图像（房子）轮廓周围画线，当所画线条首尾衔接时便会形成选区，如图1-5-10所示。

（3）单击"编辑→填充"命令，弹出"填充"对话框，在"使用"下拉列表中选择"内容识别"，如图1-5-12所示，单击"确定"按钮。稍候会弹出"进程"方框，待"填充"进程完毕，要消除的图像就会消除。按控制键+D组合键取消选区，完成效果如图1-5-13所示。

图 1-5-12　"填充"对话框

图 1-5-13　移除后的效果

2．复制作用

（1）打开素材"fj1.jpeg"，如图1-5-9所示。

（2）单击工具栏中的"内容感知移动工具"，在工具属性栏中设置"模式"为"扩展"，"适应"为"非常严格"。按住鼠标左键拖动光标，在要复制的图像（房子）轮廓周围画线，当所画线条首尾衔接时便会形成选区，如图1-5-10所示。

（3）将鼠标指针指向选区，按住鼠标左键拖动选区，拖动到一定的地方以后释放鼠标左键，此步骤可以执行多次，图1-5-14所示为执行两次后的效果。

图 1-5-14　复制后的效果

5.1.5　红眼工具

使用"红眼工具"可以移去照片人物眼睛中由于闪光灯引发的红色、白色或绿色反光斑点，其工具属性栏如图1-5-15所示。

图1-5-15　红眼工具属性栏

红眼工具属性栏中各参数的含义如下：

（1）瞳孔大小：用于设置瞳孔（眼睛暗色的中心）的大小。

（2）变暗量：用于设置瞳孔的暗度。

操作比较简单，设置好工具属性栏的参数后，直接将鼠标指针移动到眼睛的斑点上，单击即可去掉斑点。

5.1.6　案例讲解——修复照片

操作步骤：

（1）打开素材："修复照片.jpg"。

（2）单击工具箱中的"污点修复画笔工具"，将人物嘴下方的痣清除。

（3）使用"修复画笔工具"将人物面部的雀斑修复。

（4）使用"修补工具"将图像右边多余的人物清除。

（5）使用"红眼工具"将人物的眼睛修复。最终效果如图1-5-16所示。

修复照片

图1-5-16　修复照片效果图

5.2　调整工具

使用"调整工具"可以将图像制作得更加完美，更富有创造性和艺术性。

5.2.1　减淡工具组

减淡工具组包含的工具如图1-5-17所示。减淡工具可以减淡图像颜色；加深工具可以加深图像颜色；海绵工具可以调整图像的颜色和饱和度。

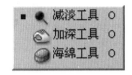

图 1-5-17　减淡工具组

1. 减淡工具

减淡工具可以提高图像的亮度，其工具属性栏如图1-5-18所示。

图 1-5-18　减淡工具属性栏

减淡工具属性栏中各参数的含义如下：

（1）范围：用于设置图像颜色提高亮度的范围，在它的列表框中包含3个选项。

① 阴影：只更改图像中颜色较暗的区域。

② 中间调：更改图像中颜色区域在暗色和亮色之间的区域。

③ 高光：只更改图像中颜色较亮的区域。

（2）曝光度：用来设置应用工具时的力度，值越大，效果越明显。

设置完参数后，只需在图像中连续单击即可完成对图像的减淡处理。图1-5-19所示为原图，图1-5-20所示为用减淡工具处理过的图像。

图 1-5-19　原图

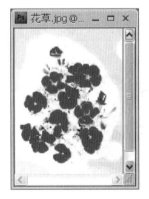

图 1-5-20　减淡效果

2. 加深工具

加深工具与减淡工具的作用相反，它使图像变得暗淡，通常用来加深图像阴影，其参数设置方法与减淡工具一样。

图1-5-21所示为原图，图1-5-22所示为用加深工具处理过的图像。

图 1-5-21　原图

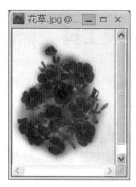

图 1-5-22　加深效果

3. 海绵工具

海绵工具可以提高或降低图像的色彩饱和度，产生像海绵吸水一样的效果，从而使图像失去光泽感，其工具属性栏如图1-5-23所示。

图 1-5-23　海绵工具属性栏

海绵工具属性栏中各参数的含义如下：

（1）模式：设置增加或降低图像的饱和度，其有两个选项。

① 降低饱和度：降低图像颜色的饱和度，使图像中的灰度色调增加。

② 提高饱和度：提高图像颜色的饱和度，使图像中的灰度色调减少。

（2）流量：设置应用工具的力度。

图1-5-24所示为原图，图1-5-25所示为降低饱和度图像，图1-5-26所示为提高饱和度图像。

图 1-5-24　原图

图 1-5-25　降低饱和度效果

图 1-5-26　提高饱和度效果

5.2.2　模糊工具组

模糊工具组包含的工具如图1-5-27所示。

使用模糊工具组修饰图像，其效果各有所长，下面分别介绍。

图 1-5-27　模糊工具组

1. 模糊工具

模糊工具可以把图像的边缘处理将更加柔和，其工具属性栏如图1-5-28所示。

图 1-5-28　模糊工具属性栏

模糊工具属性栏中各参数的含义如下：

（1）模式：设置颜色的混合模式。

（2）强度：设置工具着色的力度，值越大，模糊的效果就越明显，范围在1%～100%之间。

（3）对所有图层取样：选中该复选框，将作用于所有图层，否则只作用于当前图层。

上述参数设置完成后，在图像中需要模糊的区域按住鼠标左键不放进行拖动，即可实现模糊处理。

2. 锐化工具

利用"锐化工具"可以提高图像的清晰度，使图像的边缘更加清晰，其作用与模糊工具相反，但使用方法相同。

图1-5-29所示为原图，图1-5-30所示为应用模糊后的图像，图1-5-31所示为应用锐化后的图像。

图 1-5-29　原图　　　　图 1-5-30　模糊图像　　　　图 1-5-31　锐化图像

3. 涂抹工具

利用"涂抹工具"可以使图像中的颜色产生流动的效果，其工具属性栏如图1-5-32所示。

图 1-5-32　涂抹工具属性栏

其工具属性栏参数与模糊工具属性栏相比多了一项"手指绘画"，勾选该复选框时，可以设定涂抹色彩，涂抹工具将使用前景色在每一笔的开始处进行涂抹；取消勾选此复选框，涂抹工具使用起点处的颜色进行涂抹。

5.3 案例讲解——制作去皱霜广告

制作去皱霜广告

操作步骤：

（1）打开素材："母亲.jpg"和"去皱霜背景.jpg"。

（2）切换"母亲.jpg"为当前窗口，使用"修复画笔工具"和"修补工具"修复人物额头和面部的皱纹。

（3）使用"减淡工具"为人物美白牙齿。参数设置如图1-5-33所示。

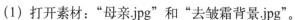

图 1-5-33　减淡工具属性栏

（4）使用"加深工具"为人物染发，参数设置如图1-5-34所示。

图 1-5-34　加深工具属性栏

（5）单击工具箱中的"椭圆选框工具"，将"羽化"值设为"20px"，为人物绘制椭圆选区，并移动到"去皱霜背景.jpg"图像窗口中，调整其大小，最终效果如图1-5-35所示。

图 1-5-35　去皱霜广告效果图

单元 6

文 字 工 具

6.1 文字工具简介

6.1.1 输入文字的方法

文字的输入是通过使用"文字工具"实现，如图1-6-1所示的文字工具组中包含了横排文字工具、直排文字工具、横排文字蒙版工具和直排文字蒙版工具。

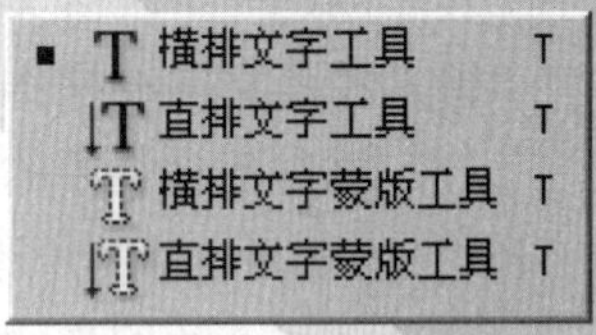

1. 输入横排或直排文字

单击工具箱中的"横排或直排文字工具"或"直排文字工具"，其工具属性栏如图1-6-2所示。

■ T 横排文字工具	T
IT 直排文字工具	T
🅣 横排文字蒙版工具	T
IT 直排文字蒙版工具	T

图 1-6-1　文字工具组

图 1-6-2　横排文字工具属性栏

横排文字工具栏中各参数的含义如下：

（1）**IT** 按钮：用于改变文字的排列方向，单击该按钮可以将文字的排列方向转换成垂直或水平方向。

（2）华文隶书：用于设置文字的字体。单击其右侧的按钮，从弹出的下拉列表中可以选择所需的字体。

（3）：用于设置文字使用的字体形态。只有选中某些具有该属性的字体后，才能激活该列表框。

（4）72点：用于设置文字的大小。单击其右侧的按钮，在弹出的下拉列表中可以选择字体大小。

（5）：用于设置消除文字锯齿。有5个选项，分别是无、锐利、犀利、浑厚和平滑。

（6）：用于设置段落文字的排列方式。

（7）：用于设置文字的颜色。

（8）：创建变形文字。

（9）：单击该按钮，可以显示或隐藏"字符"面板和"段落"面板。

（10）：文字输入完后，单击  按钮可以取消输入操作，单击  按钮表示确认本次操作。

输入文字的操作方法如下：

（1）单击工具箱中的"横排文字工具"或"直排文字工具"。

（2）根据需要在工具属性栏中设置参数。

（3）将鼠标指针移动到打开的窗口中，单击设定文字的插入点。

（4）输入文字后，单击工具属性栏中的  按钮，表示确认本次操作。

如图1-6-3所示为输入的横排和直排文字。

图 1-6-3　横排和直排文字

2．输入段落文字

段落文字用于设置大块的文本段落，它是通过先拖动"横排文字工具"或"直排文字工具"创建一个段落文本框再输入文本。

输入段落文字的操作方法：

（1）单击工具箱中的"横排文字工具"或"直排文字工具"，在工具属性栏中设置参数。

（2）在打开的图像窗口中单击并拖动鼠标创建一个段落文本框。

（3）在段落文本框中输入的文字即为段落文字。

通过单击工具属性栏中的 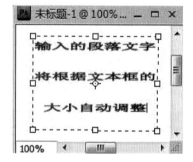 按钮，可以进行横排段落文字和直排段落文字的转换。

图1-6-4所示为输入的段落文字。

图 1-6-4　段落文字

3．文字蒙版工具

文字蒙版工具包括横排文字蒙版和直排文字蒙版。利用"文字蒙版工具"能够创建文字选区，与其他选区的使用一样，可以对它进行相关操作。横排或直排文字蒙版工具属性栏与横排或直排文字工具属性栏相同。

创建文字蒙版的操作方法如下：

（1）单击"横排文字蒙版工具"或"直排文字蒙版工具"，并在工具属性栏中设置参数。

（2）在打开的窗口中单击并输入文字。

（3）输入完成后，单击工具属性栏中的  按钮，表示确认本次操作。

图1-6-5所示为使用文字蒙版创建的文字选区。

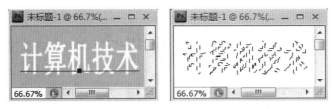

图 1-6-5　使用文字蒙版工具创建文字选区

6.1.2　编辑文字的方法

使用文字输入工具输入完文字或段落文字后，常常需要对文字或段落文字进行编辑操作。

1. 设置文字属性

文字属性除了可以在文字工具属性栏中设置外，还可以在"字符"面板中设置，通过单击工具属性栏中的 按钮，可以显示或隐藏"字符"面板和"段落"面板，图1-6-6所示为"字符"面板。

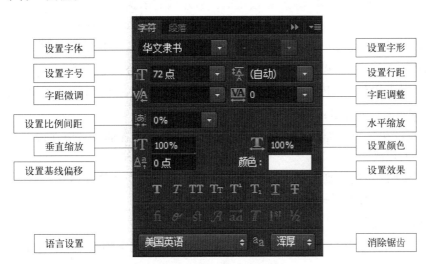

图 1-6-6　"字符"面板

"字符"面板中"设置效果"按钮组各个按钮的参数含义如下：

（1）**T**按钮：单击该按钮，将当前选择的文字加粗显示。

（2）*T*按钮：单击该按钮，将当前选择的文字倾斜显示。

（3）**TT**按钮：单击该按钮，将当前选择的小写字母变为大写字母显示。

（4）**Tr**按钮：单击该按钮，将当前选择的字母变为小型大写字母显示。

（5）**T¹**按钮：单击该按钮，将当前选择的文字变为上标。

（6）**T₁**按钮：单击该按钮，将当前选择的文字变为下标。

（7）**T**按钮：单击该按钮，将当前选择的文字下方添加下画线。

（8）**T**按钮：单击该按钮，将当前选择的文字中间添加删除线。

图1-6-7所示为文字设置的几种效果。

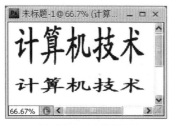
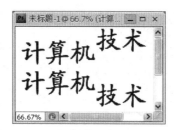

垂直放大和垂直缩小效果　　　　　　正偏移和负偏移效果　　　　　　上标和下标效果

图 1-6-7　文字设置的 3 种效果

2. 设置段落属性

可以对创建的段落文字进行段落属性的设置，通过单击工具属性栏中的  按钮，将"段落"面板显示出来，图1-6-8所示为"段落"面板。

"段落"面板中各参数的含义如下：

（1）按钮组：从左到右依次为设置文本左对齐、居中对齐、右对齐、最后一行左对齐、最后一行居中对齐、最后一行右对齐及全部对齐。

（2）按钮组：这两个数值框分别设置文本左边和右边向内缩进的距离。

图 1-6-8　"段落"面板

（3）按钮：用来设置文本首行缩进的距离。

（4）按钮组：分别用来设置插入点所在段落与前一段落和后一段落的距离。

（5）连字：勾选该复选框，可以将文本的最后一个外文单词拆开，形成连字符号，使剩余的部分自动换到下一行。

3. 创建变形文字

单击工具属性栏中的"文字变形工具" ，可以为文字创建弧形、波浪形、扇形等多种变形效果。

图1-6-9所示为"变形文字"对话框。

"变形文字"对话框中各参数的含义如下：

（1）"样式"：可以从该下拉列表框中选择需要的文字变形效果。

（2）"水平"或"垂直"单选按钮：这两个选项可以使文字沿水平或垂直方向变形。

（3）弯曲滑块：用来设置文字的弯曲程度。

（4）水平扭曲滑块：用来设置文字在水平方向的扭曲程度。

（5）垂直扭曲滑块：用来设置文字在垂直方向的扭曲程度。

图1-6-10所示为文字的3种变形效果，从上到下分别是扇形、旗帜、挤压效果。

图 1-6-9　"变形文字"对话框

图 1-6-10　文字变形效果

6.2　案例讲解——制作饮料广告

操作步骤：

（1）打开素材："饮料广告背景.jpg"和"橙子.jpg"。

（2）切换到"饮料广告背景.jpg"图像窗口，单击工具箱中的"横排文字工具"，设置字体为"隶书"，字号"48点"，文字颜色为绿色（#4f9c36），输入文字"鲜橙"。

（3）单击工具箱中的"横排文字工具"，设置字体为"幼圆"，字号"10点"，文字颜色为橘黄色（#4f9c36），将光标移到图像窗口的右下方，按住鼠标左键不放并拖动绘制矩形区域，绘制完成后释放鼠标，即可创建一个段落文本框。此时在文本框中会出现闪烁的光标，输入文字即可，如图1-6-11所示。

制作饮料广告

（4）切换到"橙子.jpg"图像窗口，单击工具箱中的"横排文字蒙版工具"，设置字体为"华文琥珀"，字号"110点"，单击，图像暂时转换为快速蒙版模式，在出现闪烁的光标后输入"百分百"，按Ctrl+Enter组合键确认输入，文字转换为选区，图像返回标准编辑模式，如图1-6-12所示。

（5）使用"移动工具"将文字选区中的内容移动到"饮料广告背景.jpg"中。最终效果如图1-6-13所示。

图 1-6-11　输入段落文字

图 1-6-12　创建文字选区

图 1-6-13　饮料广告效果图

单元 7

图层基本应用

7.1 图层基本操作

图层是Photoshop的"核心"。一幅由Photoshop创作的图像可以想象成是由若干张包含有图像各个不同部分的不同透明度的纸叠加而成的。每张"纸"称为一个"图层",如图1-7-1所示。由于每个层以及层内容都是独立的,用户在不同的层中进行设计或修改等操作时不影响其他层。但是,由于图层是一层一层叠放的,在上面一层填充颜色或绘制图像时,会遮盖住它下面一层中的图像,此时可以通过交换图层的顺序来显示被遮盖住的图像。通过对图层的操作,可以方便快捷地修改图像,使图像编辑具有更大的灵活性。使用图层的特殊功能,可以创建很多复杂的图像效果。图像设计者对绘画满意时,可将所有图层合并成一个图层。

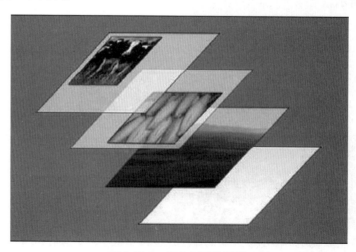

图 1-7-1　多个图层的图像

7.1.1　图层的锁定和解锁

将图层的某些编辑功能锁住，可以避免不小心将图

图 1-7-2　锁定类型

层中的图像损坏。在"图层"面板中的"锁定"后面提
供了 4 种图标，如图 1-7-2 所示，从左到右分别为锁定透
明部分、锁定图像编辑、锁定移动、锁定全部。一般使
用第四项锁定全部，单击 🔒 按钮即可。一旦锁定，该图层内容不能修改，如果必须修改，
单击 🔒 按钮即可完成解锁操作。

7.1.2　新建和重命名图层

1. 图层的新建

1）普通图层

通过按钮 📄 新建图层的方法如下：

（1）打开图像及其"图层"面板。

（2）单击"图层"面板下方的按钮 📄 ，即可建立
一个新图层。

2）创建文字图层

单击工具箱中的"文字工具"，在图像编辑窗口
中单击，即会出现一个文字输入光标，表示可以输入
文字。此时在"图层"面板中会出现一个新的文字图
层，如图 1-7-3 所示。

图 1-7-3　创建文字图层

3）将文字图层转换成普通图层

（1）单击"图层→栅格化→文字"命令，即可将文字图层转换为普通图层。

（2）文字图层转换成普通图层以后，不能再对其进行文字编辑，但可执行所有图像
可执行的命令。

4）创建调整图层

创建调整图层的步骤如下：

（1）单击"图层"面板中的"背景"图层，将其设置为当前图层。

（2）单击"图层→新建调整图层"命令，在其子菜单中可以设置调整图层的效果。

（3）然后在对话框中进行相应的设置。

2. 重命名图层

在"图层"面板中的图层名称处双击，即可更改图层名称。可以使用中文、英文、
数字命名图层。

7.1.3　调整图层的顺序

修改图层的排列顺序最快捷的方法，是在"图层"面板中直接用鼠标拖动图层到合
适的位置上。也可以先选中图层，再单击"图层→排列"命令来改变图层顺序。改变互
相遮挡的图层的排列顺序，整幅图像的效果也会跟着改变。图 1-7-4 所示为调整图层顺序
的效果。

(a) 调整图层顺序前

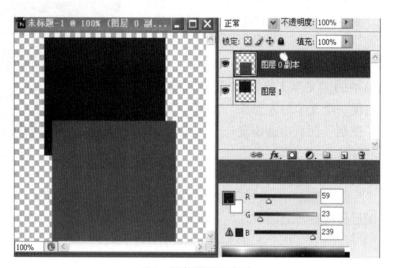

(b) 调整图层顺序后

图 1-7-4 调整图层顺序

7.1.4 调整图层的不透明度

调整图层的不透明度，可以用鼠标直接拖动"不透明度"滑块，选择合适的透明度、或者直接输入数字，范围从0%～100%，如图1-7-5所示。不透明度的数值越小，图像越透明，该图层下面的图层越清晰，反之越模糊。

7.1.5 复制和删除图层

1. 复制图层

复制图层的方法如下：

图 1-7-5 调整图层不透明度

（1）在"图层"面板中将需要复制的图层拖动到"新建图层"按钮上。

（2）在选中的图层上右击，在弹出的快捷中选择"复制图层"命令。

（3）单击"图层"面板菜单选项按钮，选择"复制图层"命令。

（4）单击"图层→复制图层"命令，弹出"复制图层"对话框，这样会生成一个名为"副本"的新图层。

（5）选择图层组后，做同样的操作就可以复制整个图层组。单击"图层→新建→通过拷贝的图层"命令，将图层复制到新图层中。

2．删除图层

删除图层的方法如下：

（1）把需要删除的图层直接拖动到图层面板下方的"删除图层"按钮上。

（2）选中要删除的图层后单击"删除图层"按钮，这样会出现一个提示来确认删除。

（3）单击"图层→删除→图层"命令，一次只能删除一个图层；如要一次要删除多个图层，可以将多个图层合并为一层，然后删除这个合并后的图层。或者将多个图层归入一个图层组，然后删除这个图层组。没有最后决定是否删除的图层，建议先隐藏图层，而不是随意删除图层。

7.1.6 链接图层

选择一个或多个需要链接的图层，单击"图层"面板下方的 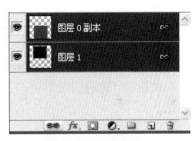 按钮，在每个选中的图层右边都会带有一个链接标志，如图1-7-6所示。如果要取消各个图层间的链接，再单击"链接按钮"即可。两个图层链接以后，无论用移动工具移动哪一个图层，其余的图层都会随之移动。

图 1-7-6　链接图层

7.1.7 合并图层

合并图层可以减少文件所占用的磁盘空间，同时可以提高操作速度。合并图层可以执行"图层→向下合并"命令或单击"合并可见图层"或"拼合图像"，也可以使用面板菜单执行上述命令。也可以在"图层"面板中选中图层后右击，从快捷菜单中选择上述命令。

1．向下合并

先选择图层顺序在上方的层，使其与位于下方的图层合并，进行合并的图层都必须处在显示状态，合并以后的图层名称和颜色标记，沿用位于下方的图层的名称和颜色标记。

选中"图层0副本"图层，单击"图层→向下合并"命令，结果如图1-7-7所示。

图 1-7-7　合并图层

2. 合并可见图层

合并可见图层的作用是把目前所有处在显示状态的图层合并，处于隐藏状态的图层则保持不变。

单击"图层→合并可见图层"命令即可，如图1-7-8所示。

3. 拼合图像

拼合图像是将所有的图层合并为"背景"图层，如果有隐藏的图层，拼合时会出现提示框，如果单击"确定"按钮，处于隐藏状态的图层将都被丢弃。图1-7-9所示为单击"图层"→"拼合图像"命令后的效果。

图 1-7-8　合并可见图层

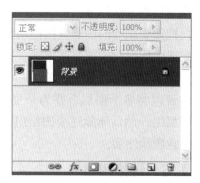

图 1-7-9　拼合图像

7.1.8　将图层载入选区

按住Ctrl键的同时单击"图层1"的缩略图，"图层1"即转化为选区，如图1-7-10所示。

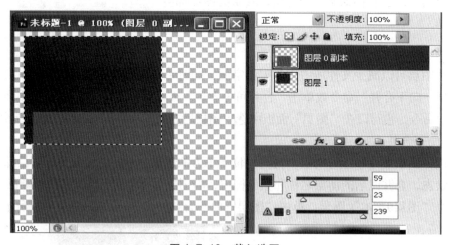

图 1-7-10　载入选区

7.1.9　对齐图层

"移动工具"被选中的状态下，图层对齐功能可用。这种方式没有对齐的基准层，它是以所选择图层中存在像素的最左端像素、最右端像素、最左至最右存在像素的水平中点位置以及最顶端像素、最底端像素、最顶至最底存在像素的垂直中点为对齐依据的。

下面把图1-7-11中的眼睛进行对齐操作。

按住Shift键选中要对齐的"图层1"和"图层2"，单击"移动工具" 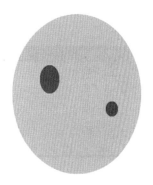，在工具栏出现对齐工具，如图1-7-12所示，前面6个按钮功能分别是：顶对齐、垂直居中对齐、底对齐、左对齐、水平居中对齐、右对齐。对齐效果如图1-7-13所示。

图 1-7-11　原图

图 1-7-12　对齐工具栏

顶对齐

垂直居中对齐

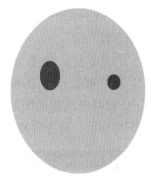
底对齐

图 1-7-13　对齐方式

7.1.10　图层组

新建图层组的方法如下：

（1）选中图层将其拖放到"创建新组" ▭ 按钮上，即可新建一个带图层的组。

（2）单击"图层→新建→从图层建立组"命令，或单击面板菜单中的"从图层新建组"命令。

新建组命名为"文字"，如图1-7-14（a）所示，将图层"文字1""文字2"拖入组，如图1-7-14（b）所示，图1-7-14（c）图为折叠的组效果。如果要将图层移出图层组，方法就是从图层组中拖出选中的图层，但要注意拖动到的正确位置。可以移到图层组的上方，也可以移到普通图层的下方，如果图层组下方没有普通图层只有"背景"图层，图层要移出图层组就只能移动到该图层组上方的位置。

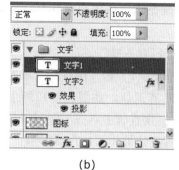

(a)　　　　　　　　　　(b)　　　　　　　　　　(c)

图 1-7-14　图层组

与普通图层相同，双击组的名称可以修改组名。

选中图层组，即使组中的各图层没有链接关系，它们也可以被一起移动、变换、删除、复制、隐藏、更改不透明度。

7.2 案例讲解——制作时尚相框

制作时尚相框

操作步骤：

（1）打开素材："相框背景.jpg"和"相框.jpg"。

（2）在"相框.jpg"图像窗口中，选中图像中的18个普通图层，单击工具箱中的"移动工具"，保持所有普通图层的选中状态并单击工具属性栏中的"水平居中分布"按钮，如图1-7-15所示。对齐后效果如图1-7-16所示。

图 1-7-15　移动工具参数

图 1-7-16　对齐后效果

（3）按Ctrl+E组合键，将选中的图层合并为"图层18"，然后将菱形图像移至"相框背景.jpg"图像窗口中，并复制在窗口的上方。此时系统自动形成"图层1"，如图1-7-17所示。

（4）复制"图层1"并移动到图像窗口底部，如图1-7-18所示。

（5）将"图层1"再复制出2份，分别对复制出的图层执行"旋转90度（顺时针）"操作，并参照图1-7-19所示的效果放置，形成一个边框。

图 1-7-17　复制菱形图像

图 1-7-18　再次复制菱形图像

图 1-7-19　复制图像并执行旋转操作

（6）在"图层"面板中选中"心"图层和"人"图层，单击"图层"面板底部的"链接图层"按钮将这两个图层链接，如图1-7-20所示。

图 1-7-20　链接图层

（7）按Ctrl+T组合键对链接的图层执行变换，最终效果如图1-7-21所示。

图 1-7-21　时尚相框效果图

单元 8

图层蒙版

8.1 图层蒙版

1. 概念

蒙版是一个很重要的技术，蒙版实际上是一个特殊的选择区域，记录为一个灰度图像。利用蒙版可以自由、精确地选择形状、色彩区域。从某种程度上讲，它是Photoshop中最准确的选择工具。蒙版也是一种遮盖工具，它可以分离和保护图像的局部区域。当用蒙版选择了图像的一部分时，没有被选择的区域就处于被保护状态，这时再对选取区域运用颜色变化、滤镜和其他效果时，蒙版就能隔离和保护图像的其余区域。蒙版中只能使用灰度模式的颜色（从黑色到白色），其中填充了黑色的区域就完全透明，填充了白色的区域就不透明。当蒙版的灰度色深增加时，被覆盖的区域会变得愈加透明，利用这一特性，可以用蒙版改变图片中不同位置的透明度，甚至可以代替"橡皮"工具在蒙版上擦除图像，而不影响到图像本身。当效果不满意，可以扔掉蒙版，保留原图，不具有破坏性。

2. 蒙版的主要作用

（1）抠图。

（2）做图的边缘淡化效果。

（3）图层间的溶合。

8.2 蒙版的基本操作

8.2.1 快速蒙版

快速蒙版用于保护图像和图层。进入到快速蒙版编辑状态之下，所有的操作只针对蒙版，而不是图像图层。

（1）打开"花.jpg"文件，如图1-8-1所示。单击工具箱中的"以快速蒙版模式编辑"按钮 ，此时按钮变成"以标准模式编辑"按钮 。

图 1-8-1　原图

（2）将前景色设置为黑色，使用"画笔工具"涂抹想要的图案，如图1-8-2所示。

（3）单击"以标准模式编辑"按钮 ，这时被画笔涂抹的区域变成选区，如图1-8-3所示。

图 1-8-2　涂抹图案　　　　　　　　　图 1-8-3　返回标准模式编辑

（4）如果只想保留花，按Delete键删除多余部分，如图1-8-4所示。

图 1-8-4 删除多余部分

8.2.2 剪贴蒙版

（1）打开"少女插画.psd文件"，如图1-8-5所示。

图 1-8-5 少女插画原图

（2）选中"花瓣"图层并右击，在弹出的快捷中单击"创建剪贴蒙版"命令，如图1-8-6所示。

图 1-8-6　创建剪贴蒙版

8.2.3　图层蒙版

（1）添加图层蒙版。默认状况下，单击"图层"面板底部的"添加图层蒙版"按钮 ，蒙版中填充的是白色，图层没有反应，如图1-8-7所示。按住Alt键的同时单击添加蒙版按钮 ，蒙版中填充的是黑色，图层就完全透明。填充不同程度的灰色，就会体现出不同程度的透明效果。

（2）停用、删除图层蒙版。在图层蒙版上右击，弹出的快捷菜单如图1-8-8所示。

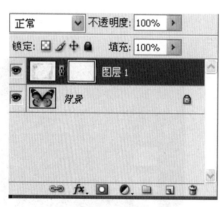

图 1-8-7　添加图层蒙版

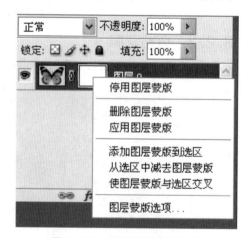

图 1-8-8　图层蒙版快捷菜单

① 停用图层蒙版：让当前的蒙版效果暂时关闭，蒙版仍然保留。想要再次启动，再次执行"启用图层蒙版"命令即可。

② 删除图层蒙版：去掉蒙版效果。删除蒙版的操作还可以直接利用鼠标拖动蒙版到"删除图层"按钮上。

③ 应用图层蒙版：把蒙版所起到的透明效果应用在图层上，蒙版删除。

8.3 案例讲解——换脸教程

操作步骤：

（1）打开素材"猴子.jpg"和"人.jpg"。

（2）在"人.jpg"图像窗口中，用"套索工具"把人脸选中后，用"移动工具"复制到"猴子.jpg"图像窗口中，形成"图层1"，如图1-8-9所示。

图 1-8-9　移动人脸

（3）在"猴子.jpg"图像窗口中把图层1的不透明度改为75%，单击"编辑→变换→扭曲"命令，调整人脸的大小位置，如图1-8-10所示。

图 1-8-10　调整人脸

（4）把"图层1"的不透明度调回100%，单击"添加蒙版"按钮，给"图层1"添加蒙版。设置前景色为黑色，选择柔角画笔，不透明度为100%，在头像边缘涂抹，效果如图1-8-11所示。

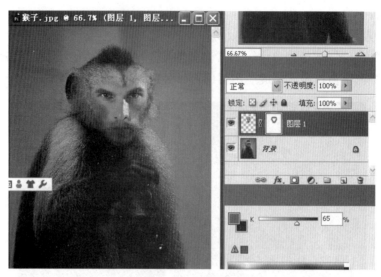

图1-8-11 添加蒙版

（5）单击"图像→调整→可选颜色"命令，加深面部颜色，使其接近猴子本色。最终效果如图1-8-12所示。

图1-8-12 换脸效果

单元 9

图 层 样 式

9.1 图层样式简介

图层样式是应用于一个图层或图层组的一种或多种效果。应用图层样式十分简单，可以为包括普通图层、文本图层和形状图层在内的任何种类的图层应用图层样式。Photoshop提供了不同的图层混合选项即图层样式，有助于为特定图层上的对象应用效果。

选中要添加样式的图层，单击"图层"面板上的"添加图层样式"按钮，从列表中选择图层样式，然后根据需要修改参数。

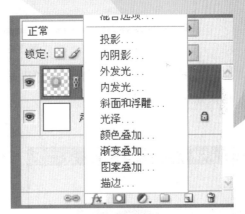

图 1-9-1　图层样式

图层样式参数说明：

（1）混合模式：不同混合模式选项。

（2）色彩样本：有助于修改阴影、发光和斜面等的颜色。

（3）不透明度：减小其值将产生透明效果（0=透明，100=不透明）。

（4）角度：控制光源的方向。

（5）使用全局光：可以修改对象的阴影、发光和斜面角度。

（6）距离：确定对象和效果之间的距离。

（7）扩展/内缩："扩展"主要用于"投影"和"外发光"样式，从对象的边缘向外扩展效果；"内缩"常用于"内阴影"和"内发光"样式，从对象的边缘向内收缩效果。

（8）大小：确定效果影响的程度，以及从对象的边缘收缩的程度。

（9）消除锯齿：勾选此复选框时，将柔化图层对象的边缘。

（10）深度：此选项是应用浮雕或斜面的边缘深浅度。

（11）投影：为图层上的对象、文本或形状后面添加阴影效果。投影参数由"混合模式"、"不透明度"、"角度"、"距离"、"扩展"和"大小"等各种选项组成，通过对这些选项的设置可以得到需要的效果。

① 新建文件，导入纪念币，添加"图层1"，如图1-9-2所示。

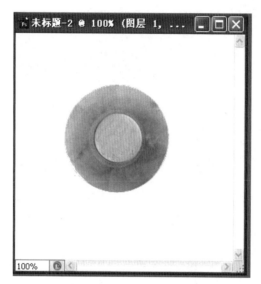

图1-9-2　打开纪念币图片

② 单击"添加图层样式"按钮 **fx.**，打开图层样式菜单，选择"投影"选项，对话框设置如图1-9-3所示。

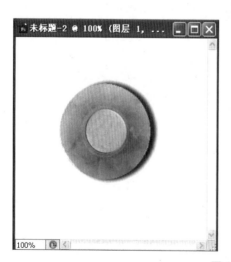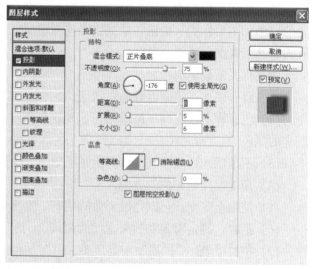

图1-9-3　添加投影样式

（12）内阴影：在对象、文本或形状的内边缘添加阴影，让图层产生一种凹陷外观。对文本对象使用内阴影效果更佳。

单击"添加图层样式"按钮 **fx.**，打开图层样式菜单，选择"内阴影"选项，对话框设置如图1-9-4所示。

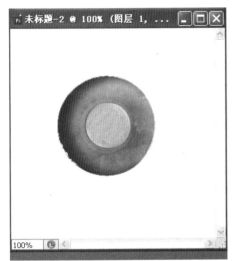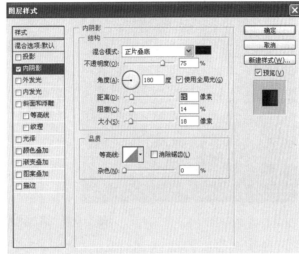

图 1-9-4　添加内阴影样式

（13）外发光：从图层对象、文本或形状的边缘向外添加发光效果。设置参数可以让对象、文本或形状更精美。

单击"添加图层样式"按钮 **fx.**，打开图层样式菜单，选择"外发光"选项，对话框设置如图1-9-5所示。

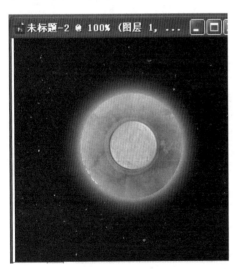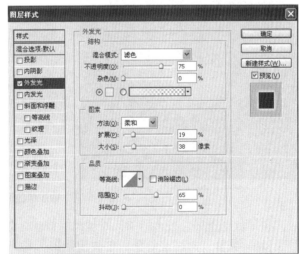

图 1-9-5　添加外发光样式

（14）内发光：从图层对象、文本或形状的边缘向内添加发光效果。

单击"添加图层样式"按钮 **fx.**，打开图层样式菜单，选择"内发光"选项，对话框设置如图1-9-6所示。

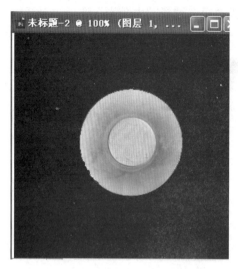 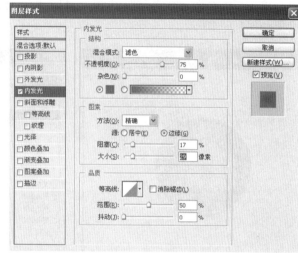

图 1-9-6　添加内发光样式

（15）斜面和浮雕：为图层添加高亮显示和阴影的各种组合效果。

单击"添加图层样式"按钮 **fx.**，打开图层样式菜单，选择"斜面和浮雕"选项，对话框设置如图1-9-7所示。

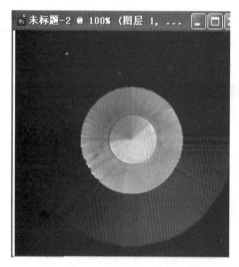 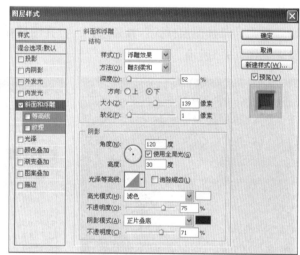

图 1-9-7　添加斜面和浮雕样式

新建数字图层，对文字图层添加图层样式，如图1-9-8所示。

（16）光泽：对图层对象内部应用阴影，与对象的形状互相作用，通常创建规则波浪形状，产生光滑的磨光及金属效果。

单击"添加图层样式"按钮 **fx.**，打开图层样式菜单，选择"光泽"选项，对话框设置如图1-9-9所示。

（17）颜色叠加：在图层对象上叠加一种颜色，即用一层纯色填充到应用样式的对象上。

图 1-9-8　新建文字图层

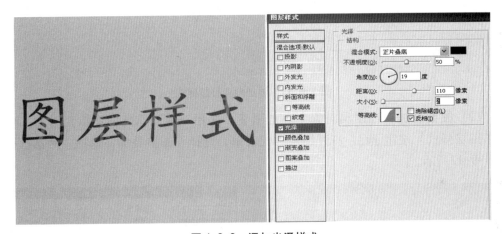

图 1-9-9　添加光泽样式

单击"添加图层样式"按钮 *fx.*，打开图层样式菜单，选择"颜色叠加"选项，对话框设置如图1-9-10设置参数。

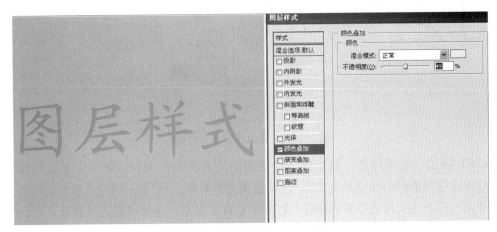

图 1-9-10　添加颜色叠加样式

（18）渐变叠加：在图层对象上叠加一种渐变颜色，即用一层渐变颜色填充到应用样式的对象上。

单击"添加图层样式"按钮 **fx.**，打开图层样式菜单，选择"渐变叠加"选项，对话框设置如图1-9-11所示。

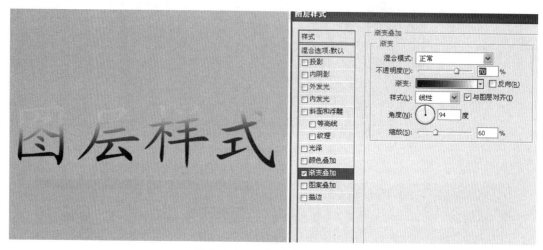

图 1-9-11　添加渐变叠加样式

（19）图案叠加：在图层对象上叠加图案，即用一致的重复图案填充对象。单击"添加图层样式"按钮 **fx.**，打开图层样式菜单，选择"图案叠加"选项，对话框设置如图1-9-12所示。

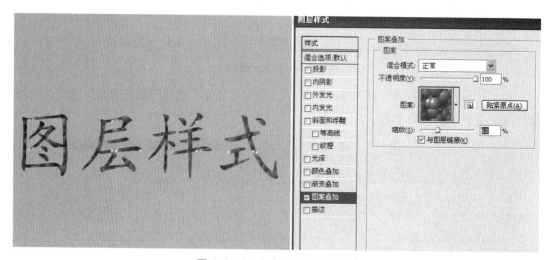

图 1-9-12　添加图案叠加样式

（20）描边：使用颜色、渐变颜色或图案描绘当前图层上的对象、文本或形状的轮廓，对于边缘清晰的形状（如文本），这种效果尤其有用。

单击"添加图层样式"按钮 **fx.**，打开图层样式菜单，选择"描边"选项，对话框设置如图1-9-13所示。

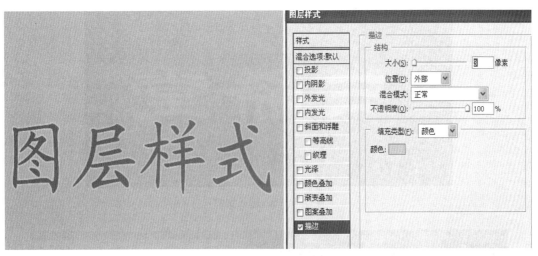

图 1-9-13　添加描边样式

9.2　案例讲解——制作古典黄金字

操作步骤：

（1）单击"文件→新建"命令，在弹出的对话框中输入名称"黄金字"，将大小设置为600×400像素，分辨率设置为72像素/英寸，单击"确定"按钮，如图1-9-14所示。

制作古典黄金字

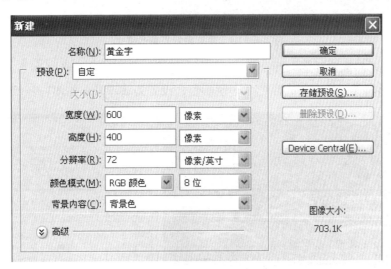

图 1-9-14　新建文件

（2）单击工具箱中的"横排文字工具"，输入文字，将文字的颜色设置为白色，并设置为较粗的字体，如图1-9-15所示。

（3）单击"图层→图层样式→内发光"命令，弹出"图层样式"对话框，设置内发光图层样式，其中发光颜色的数值为#473902，如图1-9-16所示。

图 1-9-15　输入文字

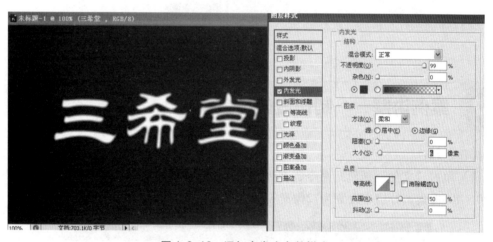

图 1-9-16　添加内发光参数样式

（4）设置"斜面和浮雕"图层样式。"高光模式"最右侧的颜色（即高光色）设置为
f2ce02，"阴影模式"最右侧的颜色（即阴影色）设置为2e1201，如图1-9-17所示。

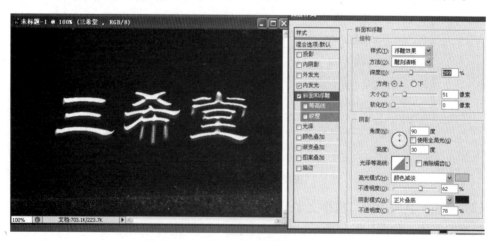

图 1-9-17　添加斜面和浮雕样式

（5）单击"编辑→定义图案"命令，将素材"纹路.gif"和"色泽.gif"图像分别自定义成图案纹路和色泽，如图1-9-18所示。并将"斜面和浮雕"图层样式中的"纹理"设置为图案纹路，如图1-9-19所示。

图 1-9-18　定义图案

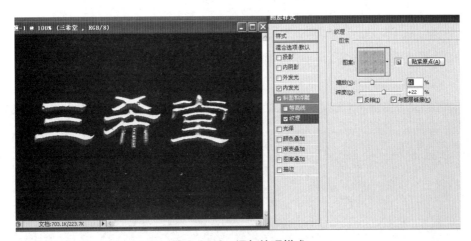

图 1-9-19　添加纹理样式

（6）设置"光泽"图层样式，参数设置如图1-9-20所示。

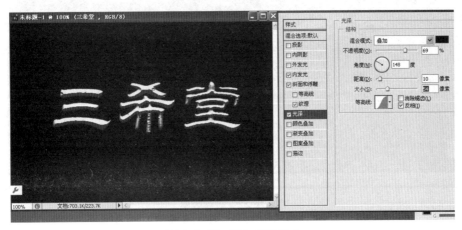

图 1-9-20　添加光泽样式

（7）设置"图案叠加"图层样式。图案选择自定义图案色泽，如图1-9-21所示。

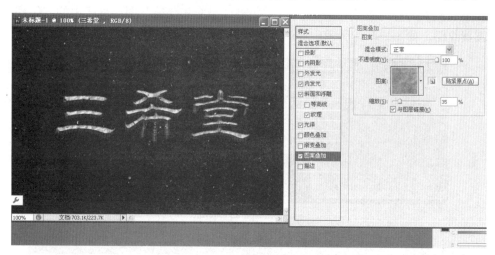

图1-9-21　添加图案叠加样式

（8）设置完图层样式后，单击"确定"按钮，即可看到最终效果，如图1-9-22所示。

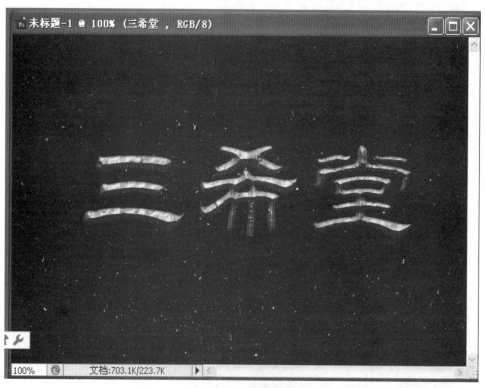

图1-9-22　最终效果

单元 10

图层混合模式

10.1 图层混合模式简介

所谓图层混合模式就是指一个图层与其下方图层的色彩叠加方式。混合模式是Photoshop最强大的功能之一，它决定了当前图像中的像素如何与底层图像中的像素混合，使用混合模式可以轻松地制作出许多特殊的效果。

1. 组合模式（正常、溶解）

（1）正常：这是Photoshop默认的色彩混合模式，此时上层图层中的图像完全覆盖下层的图层，可以通过修改图层不透明度来透视下层中的图像。

（2）溶解：根据当前图层中每个像素点所在位置的不透明度，随机取代下层图层相应位置像素的颜色，产生溶解于下一层图像的效果。该模式需要当前图层处于半透明状态或图像有羽化效果时才能显示出来。

① 新建图层，将"背景"和"图层1"图层，分别填充为红色和黄色，现在只能看到黄色，红色被完全覆盖，如图1-10-1所示。

图 1-10-1　原图

② 添加"溶解"图层样式。

③ 溶解模式产生的像素颜色与像素的不透明度有关，图层溶解模式在不透明度为100%时和正常模式是一样的，不会在画面上产生溶解效果，所以要设置透明度，如图1-10-2所示。

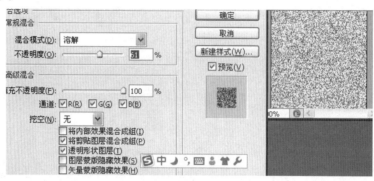

图 1-10-2 溶解模式

2. 加深混合模式（变暗、正片叠底、颜色加深、线性加深、深色）

（1）变暗：将当前图层中较暗的像素替代下层图层中与之相对应的较亮的像素。

（2）正片叠底：将当前图层与下层图层像素值中较暗的像素进行合成，图像加暗部分的合成效果比"变暗"模式平缓，能更好地保持原来图像的轮廓和图像的阴影部分。

① 打开素材图片"猴子.jpg"和"花.jpg"，将素材"花"拖动到"猴子"图像上，将其覆盖，如图1-10-3所示。

图 1-10-3 导入图像

② 在"图层"面板中设置混合模式为"正片叠底"，如图1-10-4所示。

（3）颜色加深：下层图层根据当前图层图像的灰度变暗后再与当前图层图像融合，当前图层中图像越黑的部分，颜色会更深；如果当前图层中的图像是白色，则混合时不会产生变化。

图 1-10-4　"正片叠底"混合模式

（4）线性加深：使用线性运算方法进行计算，其颜色效果比"颜色加深"模式的效果暗。

（5）深色：对当前图层与下层图层之间的明暗色进行比较，用较暗一层的像素取代较亮一层的像素。

3. 减淡混合模式（变亮、滤色、颜色减淡、线性减淡、浅色）

（1）变亮：与"变暗"模式相反，以当前图层的图像颜色为基准，如果下层图层的色彩比当前图层的色彩亮就保留，比当前图层色彩暗则被当前图层的色彩所代替。

（2）滤色：选择此模式时，系统将当前图层的颜色与下层图像的颜色相乘，再转为互补色。利用这种模式得到的结果颜色通常为亮色。滤色模式与正片叠底模式产生的效果相反。

打开素材图片"猴子.jpg"和"花.jpg"，将素材"花"拖动到"猴子"图像上，将其覆盖，选择滤色混合模式，效果如图1-10-5所示。

（3）颜色减淡：通过降低对比度来加亮下层图像的颜色，与黑色混合时色彩不变。

（4）线性减淡（添加）：与"颜色减淡"模式产生的效果类似，但是效果更加强烈。

（5）浅色：与"深色"模式相反，使用较亮一层的像素替代较暗一层的像素。

4. 对比混合模式（叠加、柔光、强光、亮光、线性光、点光、实色混合）

（1）叠加：图像效果主要由下层图层决定，叠加后下层图层图像的高亮部分和阴影部分保持不变。

（2）柔光：可以使图像颜色变亮或变暗，如果上层图层的像素比50%的灰色亮，图像就变亮，反之则变暗。

打开素材图片"猴子.jpg"和"花.jpg"，将素材"花"拖动到"猴子"图像上，将其覆盖，选择"柔光"混合模式，效果如图1-10-6所示。

图 1-10-5 "滤色"混合模式

图 1-10-6 "柔光"混合模式

（3）强光：效果与"柔光"模式相似，但是其加亮或变暗的程度更强烈。

（4）亮光：以当前图层图像的颜色为依据来加深或减淡颜色，如果混合色比50%的灰色亮，通过降低对比度来加亮图像；反之就通过提高对比度来变暗图像。

（5）线性光：以当前图层图像的颜色为依据来加深或减淡颜色，如果混合色比50%的灰色亮，通过提高亮度来加亮图像；反之则通过降低亮度来变暗图像。

（6）点光：根据当前图层的颜色来替换颜色，如果混合色比50%的灰色亮，就替换比混合色暗的像素，不改变比混合色亮的像素；反之则替换比混合色亮的像素，比混合色暗的像素不改变。

（7）实色混合：图像混合后，图像的颜色被分离成红、黄、绿、蓝等8种极端颜色，其效果类似于应用"色调分离"命令。

5. 比较混合模式（差值、排除、减去、划分）

（1）差值：用当前图层的像素颜色值减去下层图层相应位置的像素值来显示颜色，可以使图像产生反相的效果。

打开素材图片"猴子.jpg"和"花.jpg"，将素材"花"拖动到"猴子"图像上，将其覆盖，选择"差值"混合模式，效果如图1-10-7所示。

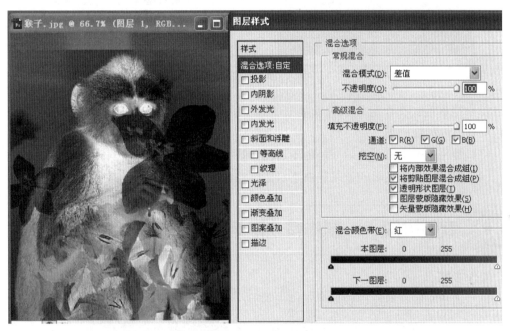

图 1-10-7　"差值"混合模式

（2）排除：与"差值"的效果类似，也可以使图像产生反相的效果，但相对柔和。

（3）减去：可以从目标通道中相应的像素上减去源通道中的像素值。

（4）划分：查看每个通道中的颜色信息，从基色中划分混合色。

6. 色彩混合模式（色相、饱和度、颜色、明度）

（1）色相：图像显示的效果是由下层图像像素的亮度与饱和度值以及当前图层像素对应位置的色相构成。

打开素材图片"猴子.jpg"和"花.jpg"，将素材"花"拖动到"猴子"图像上，将其覆盖，选择"色相"混合模式，效果如图1-10-8所示。

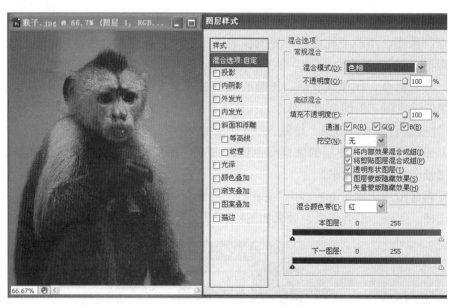

图 1-10-8 "色相"混合模

（2）饱和度：图像显示的效果是由下层图像像素的亮度与色相值以及当前图层像素对应位置的饱和度构成。

（3）颜色：图像显示的效果是由下层图像的亮度及上面图层的色相和饱和度决定。

（4）明度：图像显示的效果是由下层图像的色相/饱和度及上层图层的亮度决定。

10.2 案例讲解——制作禁止吸烟标志

操作步骤：

（1）新建文件，参数设置如图1-10-9所示。

禁止及烟

图 1-10-9 新建文件

（2）新建文字图层"禁止吸烟"，如图 1-10-10 所示。

图 1-10-10　新建文字图层

（3）新建"香烟"图层，可以将已做好的图层加锁，单击 🔒 按钮即可，这样就不会对图层误操作，绘制香烟图形，如图 1-10-11 所示。

图 1-10-11　绘制香烟

（4）新建"图层 1"，绘制一个红色圆圈。拖动"图层 1"，调整顺序，使其放到"香烟"图层下方，如图 1-10-12 所示。

图 1-10-12　新建"图层 1"并调整顺序

（5）新建"图层2"，绘制图1-10-13所示的图形。

图1-10-13　新建"图层2"

（6）红圈和红杠现在分别位于不同的图层，如果调试位置，会出现错位，应把这两个图层链接，形成一体效果。选中两个图层，单击 ∞ 按钮，如图1-10-14所示。

（7）现在共有5个图层，可以添加组来管理，单击"新建组" □ 按钮，名称为"图标"。将"图层1"、"图层2"和"香烟"图层拖到"图标"组中，如图1-10-15所示。

图1-10-14　链接图层

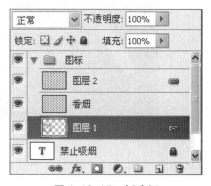

图1-10-15　新建组

（8）选中"图层2"，单击"图层→复制图层"命令，得到"图层2副本"，如图1-10-16所示。

（9）对图层2副本红杠进行旋转，如图1-10-17所示。

（10）单击"图层→合并可见图层"命令，如图1-10-18所示。

（11）打开图片"骷髅头.jpg"，将骷髅头复制到新建文件图像窗口中，形成"图层1"，如图1-10-19所示。

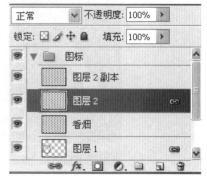

图1-10-16　复制图层

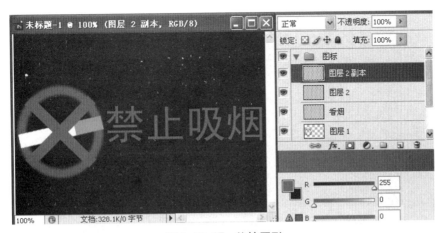

图 1-10-17　旋转图形

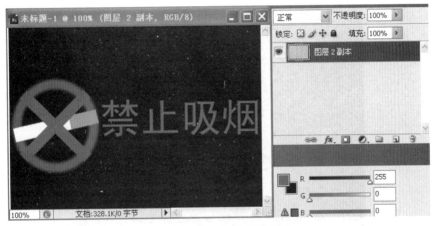

图 1-10-18　合并可见图层

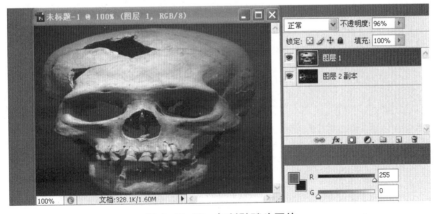

图 1-10-19　复制骷髅头图片

（12）设置"图层1"的混合模式为"正片叠底"，如图1-10-20所示。

（13）单击"图层→合并可见图层"命令，最终效果如图1-10-21所示。

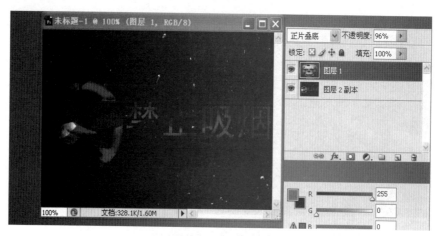

图 1-10-20　设置混合模式

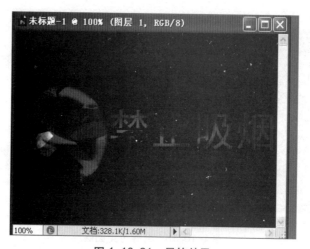

图 1-10-21　最终效果

单元 11

路　　径

绘制路径

11.1.1　认识路径

在Photoshop中，路径是由贝塞尔曲线构成的一段闭合的曲线段，它是由一系列的锚点、直线或曲线段组成的。

路径的功能：

（1）创建选区：可以创建任意形状的路径，然后将其转换为选区。

（2）绘制图形：建立路径后，利用路径的描边和填充命令，可以制作任意形状的矢量图形。

（3）编辑选区：可以把选区转换为路径，通过路径的编辑功能，达到修改选区的目的。

（4）剪贴路径：利用路径的剪贴功能，可以将在Photoshop中制作的图像插入到其他图像软件时，去除其路径之外的图像背景，使之透明，而路径之内的图像则可以被贴入。

"路径工具"在工具箱的"钢笔工具"组中，如图1-11-1所示。

为了便于编辑路径，在工具箱中还提供了"路径选择工具"，如图1-11-2所示。

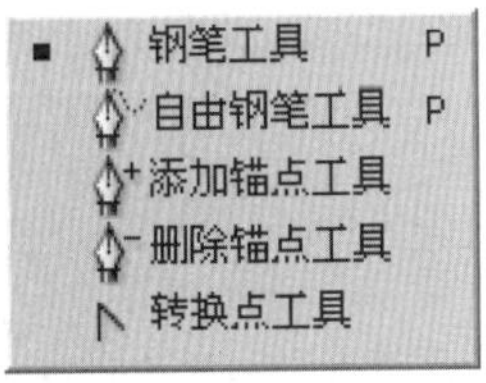

图 1-11-1　"钢笔工具"组

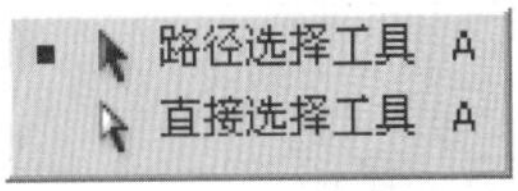

图 1-11-2　路径选择工具

11.1.2 使用"钢笔工具"绘制路径

使用"钢笔工具"可以绘制直线和曲线路径，其优点是可以勾画出平滑的曲线。绘制的路径可以是不封闭的开放状态，也可以是封闭的路径，其工具属性栏如图1-11-3所示。

图 1-11-3　钢笔工具属性栏

属性栏中各参数的含义如下：

（1）▢▨▢按钮组：分别用来创建形状图层、工作路径和填充区域。

（2）◈◈▢◯◯◯◣◈按钮组：用于在各种形状工具之间切换。

（3）☑自动添加/删除：勾选中该复选框时，移动"钢笔工具"到已有路径上单击，可以增加一个锚点，而移动"钢笔工具"到路径的锚点上单击，则可以删除该锚点。

1. 绘制直线路径

操作步骤：

（1）单击工具箱中的"钢笔工具"，在图像编辑窗口单击创建路径起始点，绘制第一个锚点。

（2）将光标移动到其他位置单击即可得到第二个锚点，两个锚点间将连成一条直线。使用相同的操作，可以得到其他的锚点并添加直线。

（3）如果想结束一个开放的路径，按住Ctrl键的同时并单击路径外任意位置即可。

如果想创建一个封闭的路径，单击创建的第一个锚点即可。

图1-11-4所示为绘制的直线开放路径，图1-11-5所示为绘制的直线封闭路径。

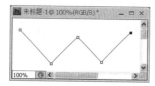

图 1-11-4　直线开放路径

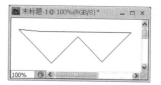

图 1-11-5　直线封闭路径

2. 绘制曲线路径

操作步骤：

（1）单击工具箱中的"钢笔工具"，在曲线开始的位置单击并拖拉，得到一个带有方向控制杆的锚点，如图1-11-6所示，创建第一个锚点。

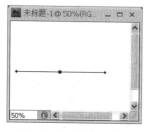

图 1-11-6　第一个锚点

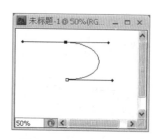

图 1-11-7　第二个锚点

（2）单击下一点并拖拉，两点间出现曲线段，曲线段的弯曲度和方向，由控制杆的长度和斜度决定，如图1-11-7所示。

（3）以此类推，可以继续创建路径上的其他曲线段。结束曲线路径的方式和结束直线路径的方式一样。

3．使用"自由钢笔工具"绘制路径

"自由钢笔工具"不是通过设置节点来建立路径的，它是通过自由手绘曲线来建立路径。使用"自由钢笔工具"就像用铅笔在纸上绘图一样随意。图1-11-8所示为自由钢笔工具属性栏。其属性栏比钢笔工具属性栏多出一个"磁性的"复选框，当勾选该复选框时，"自由钢笔工具"将变为"磁性钢笔"，"磁性钢笔工具"与"磁性套索工具"类似，在拖动鼠标创建路径时能够自动跟踪图像的边缘来绘制，同时产生一系列的锚点，如图1-11-9所示。

图 1-11-8　自由钢笔工具属性

单击工具属性栏中的图标 ![icon] 的下拉按钮，会弹出图1-11-10所示的"自由钢笔选项"面板。

图 1-11-9　使用"磁性钢笔工具"绘制的路径　　图 1-11-10　"自由钢笔选项"面板

"自由钢笔选项"面板中参数的含义如下：

（1）曲线拟合：用于控制路径的灵敏度，范围在0.5～10之间。数值越小，形成路径的锚点越多；反之，锚点就少。

（2）宽度：用于定义磁性钢笔探测的距离，数值越大，距离就越大。

（3）对比：用于定义磁性钢笔对边缘的敏感程度，较高的值只探测与周边强烈对比的边缘，较低的值探测低对比度的边缘。

（4）频率：用于定义磁性钢笔在绘制路径时的节点密度，数值越大得到的节点数就越多。

（5）钢笔压力：使用绘图板压力改变钢笔宽度。

11.2 编辑路径

创建完路径后，有时根据需要对路径进行调整和编辑。

11.2.1 选择路径和锚点

在对路径进行编辑操作时，首先要选择路径或路径上的锚点，这时就要用到路径选择工具和直接选择工具。

（1）路径选择工具：可以选择并移动整个路径。使用"路径选择工具"在路径区域内任意位置单击即可选中整个路径，此时路径上所有锚点都以实心方块显示。将鼠标指针放在路径区域任意位置单击并拖动即可移动整个路径。

（2）直接选择工具：主要用来调整路径和节点的位置。使用它在路径上单击可以直接调整路径；在锚点上单击可以移动节点和调整路径形状；使用"直接选择工具"框选所有锚点也可以选择整个路径。

11.2.2 添加和删除锚点

通过"钢笔工具"组中的"添加锚点工具"和"删除锚点工具"来完成。选择这两个工具单击路径或者锚点即可。另外，使用"转换点工具"可以将直线锚点和曲线锚点相互转换。

11.2.3 重命名路径

在"路径"面板中双击路径名称，即可变为可编辑状态，输入新的路径名称即可。

11.2.4 复制、删除路径

绘制好路径后，如果还需要一条相同的路径，通过复制路径来实现。在"路径"面板中选择要复制的路径，右击，在弹出的快捷菜单中选择"复制路径"命令即可。删除路径的方法与复制路径的方法相似，在"路径"面板中选择要删除的路径，右击，在弹出的快捷菜单中选择"删除路径"命令即可。

11.2.5 填充路径

创建完路径后，可以直接使用颜色和图案来填充路径范围。单击"路径"面板右上角的▤按钮，在弹出的菜单中选择"填充路径"命令，弹出图1-11-11所示的"填充路径"对话框。

其中各个参数的含义如下：

（1）内容：在该栏可以选择填充路径的方式，如前景色、背景色、图案等。

（2）混合：在该栏可以设置源图像的混合

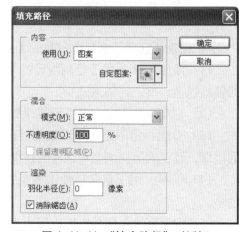

图 1-11-11 "填充路径"对话框

模式及填充效果的不透明度。

（3）羽化半径：可以设置填充边缘的羽化效果。

图1-11-12所示为选择的路径，图1-11-13所示为将选择的路径进行图案填充。

图 1-11-12　为选择的路径

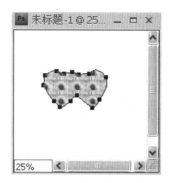

图 1-11-13　图案填充后的路径

11.2.6　描边路径

描边路径可以使用绘图工具和修饰工具沿着路径勾勒路径的轮廓线来绘制或修饰图像。

操作步骤：

（1）创建路径，单击"路径"面板右上角的 ▤ 按钮，在弹出的菜单中选择"描边路径"命令。

（2）弹出"描边路径"对话框，如图1-11-14所示，在下拉列表中选择用来描边的工具。

11.2.7　路径和选区的互换

路径和选区是可以相互转换的，它们之间的相互转换是一项非常有用的操作。

1. 将路径转换为选区

路径转换为选区后，就可以执行针对选区的所有命令进行编辑操作。

方法一：选择编辑好的路径，单击"路径"面板底部的"将路径作为选区载入"按钮，即可直接接路径转换为选区。

方法二：选择编辑好的路径，选取"路径"面板菜单中的"建立选区"命令，弹出"建立选区"对话框，如图1-11-15所示，在该对话框中进行相应参数的设置，即可将路径转化为选区。

2. 将选区转换为路径

可以将使用选择工具建立的选区转换为路径。

图 1-11-14　"描边路径"对话框

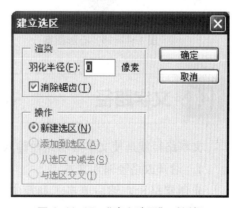

图 1-11-15　"建立选区"对话框

方法一：通过在"路径"面板中单击底部的"从选区生成工作路径"按钮，可以直接将当前的选择区域转换为路径。

方法二：选择"路径"面板菜单中的"建立工作路径"命令，弹出"建立工作路径"对话框，通过"容差"值可以设置转换为路径后的锚点密度。值的范围为0.5～10像素。值越高，产生的锚点越少，生成的路径就越不平滑；值越小，产生的锚点越多，生成的路径就越平滑。

11.3 案例讲解

11.3.1 绘制心形图案

使用"钢笔工具"、"添加锚点工具"、"删除锚点工具"和"转换点工具"绘制图1-11-16所示的心形图案。

11.3.2 绘制常春藤

（1）新建一个宽度和高度均为600像素，背景颜色为白色的文件。

（2）单击工具箱中的"自定形状工具"，设置"绘图模式"为"路径"，并在"形状"下拉列表中选择"常春藤"，在图像窗口中绘制常春藤路径。

（3）设置前景色为紫色，单击工具箱中的"画笔工具"，设置笔刷大小为5像素的柔边笔刷，在"路径"面板中单击"描边路径"按钮，为路径描边。

（4）在"路径"面板中单击"填充路径"按钮，设置填充颜色为绿色，为路径填充颜色。最终效果如图1-11-17所示。

图 1-11-16　心形图案

图 1-11-17　常春藤图案

11.4 文字路径

文本路径就是使文本沿着路径输入。

1. 沿开放路径输入文本

先创建路径，然后单击工具箱中的"直排文字工具"，移动鼠标指针到路径上，单击，当路径上出现一个光标时，在光标处输入文本即可，图1-11-18所示为路径上输入的文字。

2. 沿封闭路径输入文本

沿封闭路径即可在路径上输入文本，也可以在封闭的区域内输入文本。输入文本的方法与沿开放路径输入文本的方法一样，图1-11-19所示为在封闭的路径内部输入的文本。

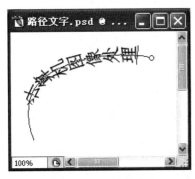

图 1-11-18　路径文本

图 1-11-19　封闭的路径内部的文本

11.5　案例讲解——制作信封和邮票

操作步骤：

（1）新建一个"信封"图像文件，如图1-11-20所示。

（2）打开素材文件"牛皮纸.Jpg"，使用"移动工具"，将牛皮纸拖到信封文件内，使用"自由变换"命令调整牛皮纸大小，如图1-11-21所示。

制作信封和邮票

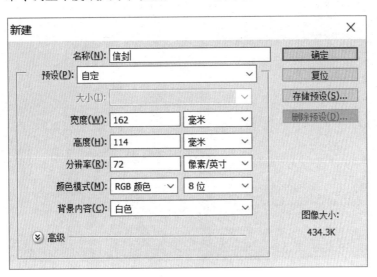

图 1-11-20　新建文件

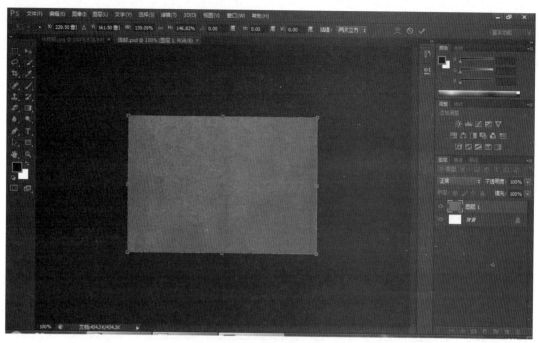

图 1-11-21　覆盖牛皮纸

（3）单击工具箱中的"矩形工具"，填充选择"无颜色"，描边选择"纯红3点"，绘制邮政编码的填写方格，首格绘制，其余通过复制图层获得，如图1-11-22所示。

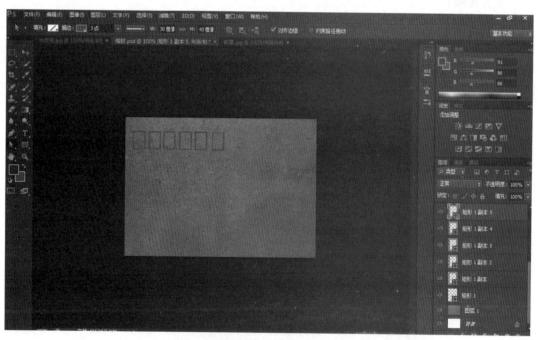

图 1-11-22　绘制方格

（4）设置如图1-11-23所示的画笔参数，并将前景色设置成纯红色。

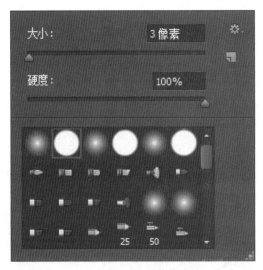

图 1-11-23　画笔参数

（5）新建图层"横线"，使用"钢笔工具"绘制直线路径，使用"画笔工具"进行描边，如图1-11-24所示。

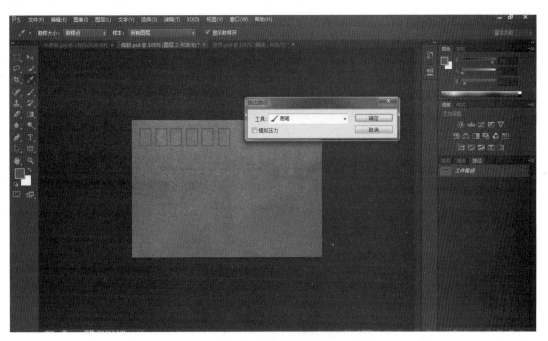

图 1-11-24　路径描边

（6）通过复制和移动，完成3条横线，使用文字工具进行文字填写，效果如图1-11-25所示。

（7）打开素材"邮票.jpg"，移动到"信封"文件中，如图1-11-26所示。

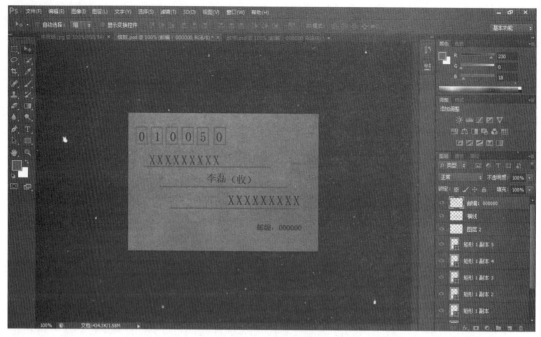

图 1-11-25　制作横线

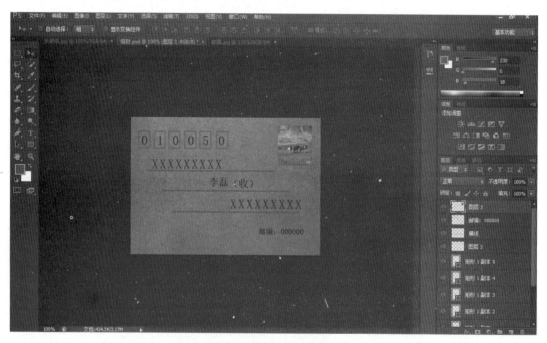

图 1-11-26　移动邮票

（8）按住Ctrl键的同时单击邮票所在图层，载入选区，单击"选择→修改→扩展"命令，将选区扩展6像素。新建图层，使用"油漆桶工具"填充白色，并把此图层置于邮票图层下方后合并图层，效果如图1-11-27所示。

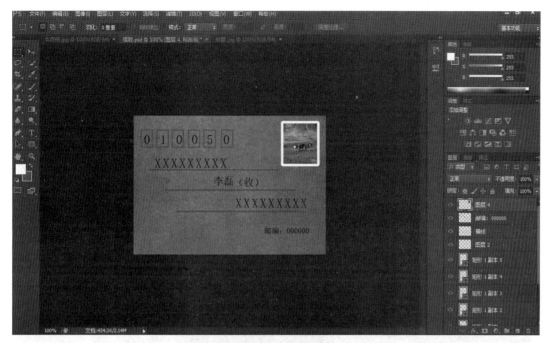

图 1-11-27　添加白边

（9）设置如图1-11-28所示的"画笔工具"参数。

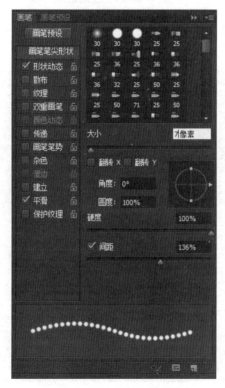

图 1-11-28　画笔工具参数

（10）按住Ctrl键的同时单击邮票所在图层，载入选区，在"路径"面板中单击"从选区生成路径"按钮，如图1-11-29所示。

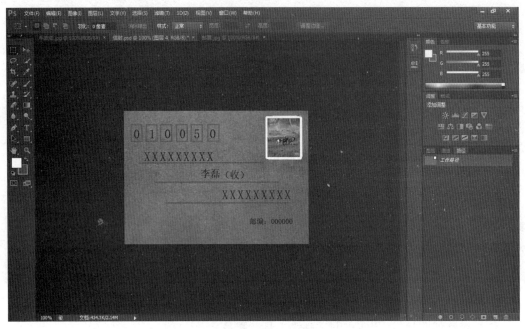

图1-11-29　生成路径

（11）在"路径"面板中单击"用画笔描边路径"按钮，为邮票打孔，如图1-11-30所示。

图1-11-30　描边路径

（12）使用"椭圆工具"绘制邮戳，在中间写日期，使用钢笔工具建立上下弧线路径，如图1-11-31所示。

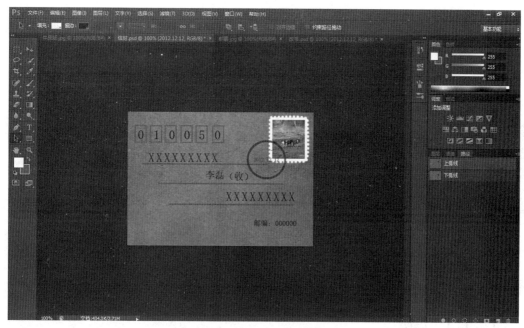

图 1-11-31　绘制邮戳

（13）将"文字工具"移到弧线路径上，上弧线输入"内蒙古"，下弧线输入"旅游"，文字位置就会随着路径的变化而变化，如图1-11-32所示。

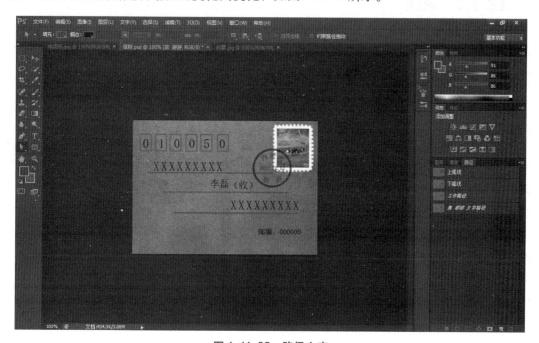

图 1-11-32　路径文字

单元 12

色 彩 色 调

12.1 色阶、曲线命令

12.1.1 色阶

"色阶"命令主要用于调节图像的明度。用色阶来调节明度，图像的对比度、饱和度损失较小。而且色阶调整可以通过输入数字，对明度进行精确的设定。

12.1.2 曲线

"曲线"命令可以综合调整图像的色彩、亮度和对比度，使图像的色彩更加协调。该命令是用来改善图像质量方法中的首选，它不但可调整图像整体或单独通道的亮度、对比度和色彩，还可调节图像任意局部的亮度。

12.1.3 案例讲解

1. 调整偏灰的图片

（1）打开图片"色阶调整.jpg"图像文件，如图1-12-1所示。由于该图片在拍摄时，受综合因素的影响，照片的影调偏灰，没有层次感好像被水洗过，对于这样的照片，可以选用"色阶"命令进行调整。

调整偏灰的图片

（2）单击"图像→调整→色阶"命令或按Ctrl+L组合键，弹出"色阶"对话框，如图1-12-2所示。从色阶直方图可以看出，这个照片的像素基本上分布在中等亮度区域，这就是这张照片偏灰的原因。

图 1-12-1　打开素材图片

图像中实际像素分布的范围与数量

照片中最暗的像素

照片中最亮的像素

图像中最暗的地方

图像中最亮的地方

图 1-12-2　"色阶"对话框

"色阶"对话框中各参数的含义如下：

① 通道：用于选择要调整色调的颜色通道。

② 输入色阶：该单元包括3个编辑框，分别用于设置图像的暗部色调中间色调和亮部色。

③ 输出色阶：用于限定图像的亮度范围。其下的两个文本框用于提高图像的暗部色调和降低图像的亮度。

④ 吸管工具：用"设置黑场工具"在图像中单击，可使图像中比该点深的色调变为黑色；用"设置白场工具"在图像中单击，可使图像中比该点浅的色调变为白色；用"设置灰点工具"在图像中单击，可根据单击点的像素的亮度来调整其他中间色调的平均亮度。

⑤ "选项"按钮：单击该按钮可打开"自动颜色校正选项"对话框，利用该对话框可设置暗调、中间值的切换颜色，以及设置自动颜色校正的算法。

⑥ "预览"复选框：勾选该复选框，在原图像窗口中可预览图像调整后的效果。

（3）将"输入色阶"左侧的黑色滑块 ◆ 向右拖动，确定图像中最暗像素的位置，此时可看到图变暗了，如图1-12-3所示，因为黑色滑块表示图像中最暗的地方，现在黑色滑块所在的位置是原来灰色滑块所在的位置，这里对应的像素原来是中等亮度的，现在被确定认为最暗的黑色，黑色的空间几乎占所有像素的一半，所有图像即变暗。

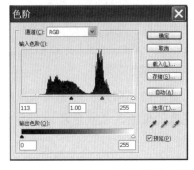

图 1-12-3　调整黑色滑块位置

（4）按住Alt键，"色阶"对话框中的"取消"按钮变成"复位"；单击"复位"按钮，使各项参数设置恢复到刚打开对话框时的状态。

（5）将"输入色阶"最右侧的白色滑块 △ 向左拖动，确定图像最亮像素的位置。此时可看到照片变亮了，如图1-12-4所示，原理同（3）的描述。

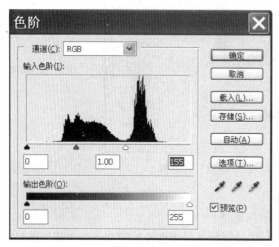

图 1-12-4   调整白色滑块位置

（6）将各项参数恢复到初始状态。黑白两个滑块不动，将中间灰色滑块向左拖动，图像变亮了，如图1-12-5所示。因为灰色滑块所在点原来很暗的像素被指定为中间亮度的像素，从灰色滑块向右的亮度空间增加了，所以照片变白、变灰。

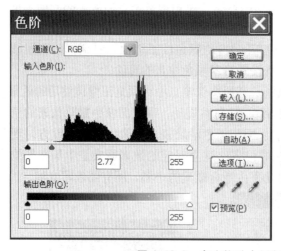

图 1-12-5   向左拖动中间灰色滑块

（7）将灰色滑块向右拖动，图像变暗，如图1-12-6所示。因为灰色滑块所在点原来的像素是很亮的，现在这些像素被指定中间亮度的像素，从灰色滑块向左的暗部空间增加了，所以照片变暗了。

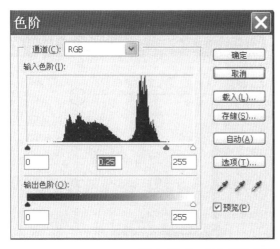

图 1-12-6 向右拖动中间灰色滑块

（8）以上效果均不符合设计要求，因此再次将所有参数恢复到默认状态。将输入色阶的灰色滑块稍向右移动降低图像中间亮度；将白色滑块向左拖动，确定图像中最亮像素的位置，也称白场；将黑色滑块向右拖动，确定图像最暗的像素位置，也称黑场，如图1-12-7所示。这样，图像有了最暗和最亮的像素，影调即基本正常，单击"确定"按钮关闭对话框。图1-12-8所示为原图和调整后的效果。

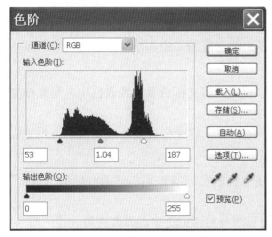

图 1-12-7 设置正确的色阶值　　　　图 1-12-8 最终效果图

2. 调整落日效果

（1）打开"日落.jpg"图像文件，如图1-12-9所示。从图中可知，由于照片颜色比较暗淡，落日的感觉不够强烈，下面对其色调进行调整。

（2）选择"图像→调整→曲线"命令，或者按Ctrl+M组合键，弹出图1-12-10所示的"曲线"对话框。

调整落日效果

图 1-12-9　打开素材图片

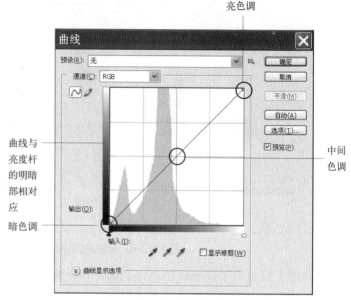

图 1-12-10　"曲线"对话框

"曲线"对话框中各参数的含义如下：

① 对话框中表格的横坐标代表了原图像的色调，纵坐标代表了图像调整后的色调，其变化的范围均在0～255之间。在曲线上单击可创建一个或多个节点，拖动节点可调整节点的位置和曲线的形状，从而达到调整图像明暗程度的目的。

② "通道"：单击其右侧的下拉按钮，从弹出的下拉列表中选择单色通道，可对单一的颜色进行调整。

③ "编辑点以修改曲线"按钮 ：单击该按钮，将光标放置曲线表格中，当光标变成画笔形状时，可随意绘制所需的色调曲线。

④ "通过绘制来修改曲线"按钮 ：单击该按钮，将光标放置曲线表格中，当光标变成画笔形状时，可随意绘制所需的色调曲线。

⑤ 　　　吸管工具：用于在图像中单击选择颜色，其作用与前面介绍的"色阶"对话框中的三个吸管工具相同。

⑥ "曲线显示选项"按钮 ：单击该按钮可展开对话框更多的设置选项。

- 显示数量：用于设置"输入"和"输出"值的显示方式，系统提供了两种方式，一种是"光（0～255）"，即绝对值；一种是"颜料/油墨%"，即百分比。在切换输入和输出值显示方式的同时，系统还将改变亮度杆的变化方向。

- 田 按钮：用于控制曲线部分的网格密度。

- 显示：用于设置表格中曲线的显示效果；勾选"通道叠加"复选框，表示将同时显示不同颜色通道的曲线；勾选"基线"复选框，表示将显示一条浅灰色的基准线；勾选"直方图"复选框，表示将在网格中显示灰色的直方图；勾选"交叉线"复选框，表示在改变曲线形状时，将显示拖动节点的水平和垂直方向的参考线。

（3）在"通道"下拉列表中选择"红"，然后将光标移至曲线中部单击，创建一个节点，并将其稍向上拖动，到适当位置后释放鼠标，如图1-12-11所示。这样操作的结果是增加了图像亮部的像素范围，且图像中间色调的像素亮度调高很多，所以可以看到图像很和谐地变红了，如图1-12-12所示。

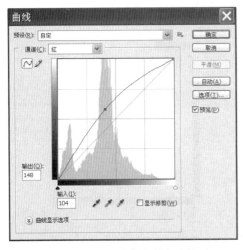

图 1-12-11　创建节点并向上拖动

图 1-12-12　图像变红

（4）"通道"下拉列表中选择"蓝"，然后将光标移至曲线中部单击，创建一个节点，并将其稍向下拖动，到适当位置后释放鼠标，如图1-12-13所示。这样操作的结果是增加了图像黄色的像素范围，所以可以看到图像变黄了，如图1-12-14所示。

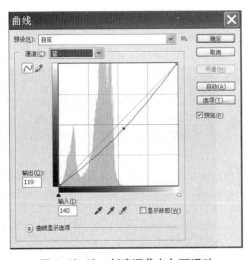

图 1-12-13　创建调节点向下滑动

图 1-12-14　图像变黄

（5）在"通道"下拉列表中选择"RGB"，在曲线的上部单击，创建一个节点，然后按住鼠标左键并将节点向上拖动，到适当的位置释放鼠标，如图1-12-15所示，可以提高照片的亮度。在曲线的下部单击，再创建一个节点，并将节点稍向下拖动，降低图像暗调区域的亮度增加反差，如图1-12-16所示。从图1-12-16中可看出曲线呈S型，这种S型曲线可以同时扩大图像的亮部和暗部的像素范围，对于增强照片的反差很有效果，最后出现金黄色的落日层次分明的出现了，如图1-12-17所示。

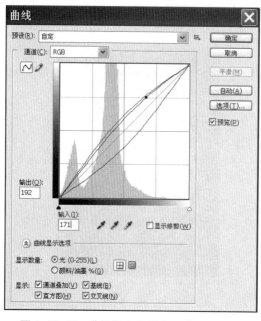

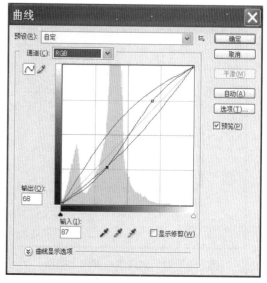

图 1-12-15 曲线的上部创建调节点向上拖动　　图 1-12-16 曲线的下部再创建调节点向下拖动

12.2　其他命令

12.2.1　色彩平衡

利用"色彩平衡"命令可以调整图像整体的色彩平衡。它可以单独调整图像的暗调、中间调和高光的色彩，使图像恢复正常的色彩平衡关系。

（1）"色调平衡"设置区：用于选择需要进行调整的色调，包括"阴影"、"中间调"和"高光"。此外，勾选"保持亮度"复选框，有助于在调整时保持色彩的平衡。

（2）"色彩平衡"设置区：选择要调整的色调后，在色阶右侧的文本框中输入数值可调整RGB三原色的值，也可直接拖动其下方的3个滑块来调整图像的色彩。当3个数值均为0时，图像色彩无变化。

图 1-12-17　金黄色的落日

下面通过实例来轻松制作个性色调照片。

1. 暖色调制作方法

（1）打开素材"哈利波特.JPG"图像文件，如图1-12-18所示，单击"图像→调整→色彩平衡"命令，或者按Ctrl+B组合键，打开"色彩平衡"对话框，如图1-12-19所示。

图1-12-18　打开文件

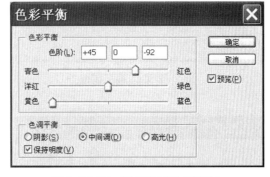

图1-12-19　"色彩平衡"对话框

（2）在"色彩平衡"对话框中设置中间调，将第1个滑块向右拖动，或直接在色阶后的文本框输入数值，此处在第1个文本框中输入"45"以增加红色，第2个文本框保持不变，在第3个文本框中输入"-92"增加黄色，如图1-12-19所示。

（3）上步调整的是中间色调颜色，还需在"色彩平衡"设置区选择"阴影"单选按钮，色阶值分别设为-8、10、-20，如图1-12-20所示。最终效果暖色调照片效果如图1-12-21所示。

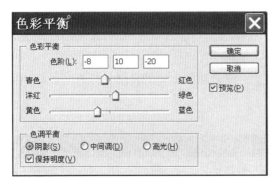

图1-12-20　调整阴影

图1-12-21　暖色调效果图

2. 超酷色调

（1）打开素材"哈利波特.JPG"图像文件，按Ctrl+B组合键打开"色彩平衡"对话框，设置高光，在第3个数值框中输入"-30"，其他不变，如图1-12-22所示。

（2）设置中间调，色阶值分别为-30、0、30，如图1-12-23所示。

（3）设置阴影，色阶值分别为-55、10、25，如图1-12-24所示。

最终超酷效果图如图1-12-25所示。

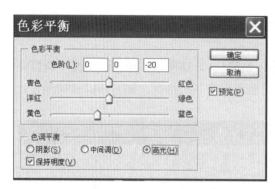

图 1-12-22　高亮调整

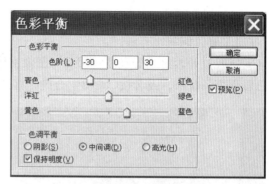

图 1-12-23　中间调设置

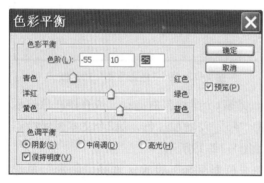

图 1-12-24　阴影设置

图 1-12-25　超酷效果图

12.2.2　色相/饱和度

"色相/饱和度"命令可以改变图像的颜色、为黑白照片上色、调整单个颜色成分的"色相"、"饱和度"和"明度"。

（1）打开素材图片"九寨沟.JPG"，如图1-12-26所示。

（2）单击"图像→调整→色相/饱和度"命令，或者按Ctrl+U组合键，打开"色相/饱和度"对话框，如图1-12-27所示。

图 1-12-26　打开素材图片

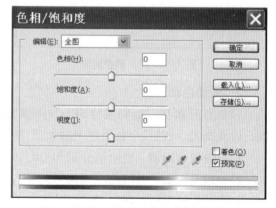

图 1-12-27　"色相/饱和度"对话框

"色相/饱和度"对话框各参数的含义如下：

① 编辑：在其右侧的下拉列表中可以选择要调整的颜色。其中，选择"全图"可一次性调整所有颜色。如果选择其他单色，则调整参数时，只对所选的颜色起作用。

② 色相：即常说的颜色，在"色相"文本框中输入数值或移动滑块可调整色相。

③ 饱和度：即是颜色的纯度。饱和度越高，颜色越纯，图像越鲜艳，否则相反。

④ 明度：即是图像的明暗度。

⑤ 着色复选框：若勾选该复选框，可使灰色或彩色图像变为单一颜色的图像，此时在"编辑"下拉列表中默认为"全图"。

（3）在"色相/饱和度"对话框中拖动"饱和度"滑块至21，如图1-12-28（a）所示。

（4）在"编辑"下拉列表中选择"黄色"选项，再分别将"色相"设置为-29，"饱和度"设置为23，如图1-12-28（b）所示。

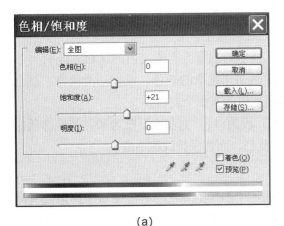
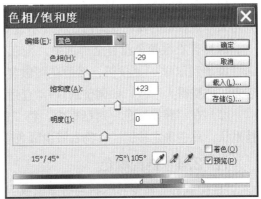

(a)　　　　　　　　　　　　　(b)

图 1-12-28　调整"色相/饱和度"

（5）参数设置后，单击"确定"按钮，可看到图片的颜色比原来鲜艳很多，如图1-12-29所示。

图 1-12-29　使用"色相/饱和度"命令调整图像前后的对比效果

12.2.3 替换颜色

"替换颜色"命令可以替换图像中某个特定的范围内的颜色。

（1）打开"替换.JPG"图像文件，使用"套索工具"圈选人物的绿色衣服，以确定要调整的区域。

（2）单击"图像→调整→替换颜色"命令，弹出"替换颜色"对话框。

对话框中各参数的含义如下：

① ![吸管工具] 吸管：这3个吸管工具用来采样需要替换的颜色，从左到右分别是"吸管工具"、"添加到取样"和"从取样中减去"。

② 颜色容差：用于调整与采样点相似的颜色范围，值越大，取样的图像区域越大。

③ "替换"设置区：用于调整或替换取样出来的颜色的色相、饱和度和明度值，设置的颜色将显示在"结果"颜色块中，也可以单击颜色块选择替换颜色。

（3）单击![吸管]吸管工具，在人物的衣服上单击确定取样点，在对话框的预览中可以看到与采样点相似的颜色变为白色，表示这些颜色已被选中。

（4）若衣服颜色没有全部选中，则在预览框中的衣服会有未变白的区域，此时可单击"添加到取样"![按钮]按钮，然后在图像窗口中单击未选取的颜色，或拖动滑块将"颜色容差"调整得大一些，如调整到114，直到预览框中的衣服全变白。

（5）在"替换颜色"对话框中，将"色相"设为81，"饱和度"设为40，其他选项保持默认。单击确定按钮，人物衣服由绿色变为蓝色，而且保持纹理不变。

12.2.4 匹配颜色

"匹配颜色"命令可以将当前图像或当前图层中图像的颜色与其他图层中图像或其他图像文件中的图像相匹配，从而改变当前图像的主色调。该命令通常用于图像合成中对两幅颜色差别较大的颜色进行匹配。

（1）打开素材"春意浓浓.jpg"和"深秋.jpg"图像文件。将"深秋.jpg"作为目标图像（修改图像），将"春意浓浓.jpg"作为源图像（参考图像）。首先将目标图像"深秋.jpg"设置为当前图像。

（2）单击"图像→调整→匹配颜色"命令，弹出"匹配颜色"对话框，在"源"下拉列表中选择"春意浓浓.jpg"，然后在"图像选项"设置区域设置相关参数，如图1-12-30（a）所示。单击"确定"按钮，关闭对话框，此时"春意浓浓.jpg"和"深秋.jpg"相匹配，可以看到现在的图像已经不是深秋了，而是变成了春意焕发的初春，如图1-12-30（b）所示。

"匹配颜色"对话框中各参数的含义如下：

① "图像选项"设置区：用于调整目标图像的亮度、饱和度，以及应用于目标图像的调整量。勾选"中和"复选框表示匹配颜色时自动移去目标图层中的色痕。

② "图像统计"设置区：用于设置匹配颜色的图像来源和所在的图层。在"源"下拉列表中可以选择用于匹配颜色的源图像文件。如果用于匹配的图像含有多个图层，可在"图层"下拉列表中指定用于匹配颜色图像所在的图层。

③ 如果需要，还可在源图像和目标图像中建立要匹配的选区。在将一个图像的特定区域（如肤色）与另一图像中的特定区域相匹配时该选区非常有用。

(a)　　　　　　　　　　　　　　(b)

图 1-12-30　调整后的效果

12.2.5　去色

打开图像文件后，单击"图像→调整→去色"命令或者按Ctrl+Shift+U组合键，可去除图像中选定区域或整幅图像的彩色，从而将其转化为灰度图像。

"去色"命令和将图像转换成灰度模式都能制作黑白模式，但"去色"命令不更改图像的颜色模式。

12.2.6　反相

"反相"命令可以将图像的色彩进行反相，以原图像的补色显示，常用于制作胶片效果。

打开图像素材"蝴蝶.JPG"图像文件，单击"图像→调整→反相"命令或者按Ctrl+I组合键，即可将图像反相，其效果如图1-12-31所示。"反相"命令是唯一个不丢失颜色信息的命令，通过再次执行的命令可恢复原图像。

图 1-12-31　利用"反相"命令将图像反相

12.2.7 色调均化

"色调均化"命令可以均匀地调整整个图像的亮度色调。使用此命令的结果是：将图像中最亮的像素转化为白色，将最暗的像素转化为黑色，其余的像素也相应地调整。

打开一幅图像，单击"图像→调整→色调均化"命令，此时系统会自动分析图像的像素分布范围，均匀调整图像的亮度。

（1）打开素材"荷花.JPG"图像文件，在图像中创建一个区域，如图1-12-32所示。

（2）单击"图像→调整→色调均化"命令，弹出"色调均化"对话框，如图1-12-33所示。

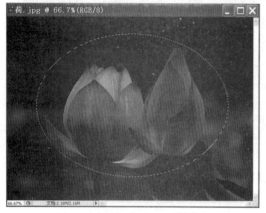

图 1-12-32　打开图像并创建区域　　　　图 1-12-33　"色调均化"对话框

（3）在对话框中，选择"基于所选区域色调均化整个图像"单选按钮，将按照选区中的像素情况均化分布图像中的所有像素，如图1-12-34所示。

图 1-12-34　色调均化后的效果

12.2.8 阈值

"阈值"命令可以将一幅灰度或色彩图像转换为高对比度的黑白图像。该命令允许用户将某个色阶指定为阈值，所以比该阈值亮的像素会被转换为白色，比该阈值暗的像素会被转换为黑色。"阈值"命令通常用于制作黑白板块效果。打开图像素材"乌镇.JPG"，单击"图像→调整→阈值"命令，弹出图1-12-35（b）所示"阈值"对话框，在其中调整"阈值色价"值，单击"确定"按钮即可得到图1-12-35（c）所示的黑白板块效果。

(a)
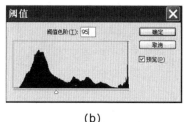
(b)

(c)

图 1-12-35 利用"阈值"命令制作黑白版画

12.2.9 色调分离

"色调分离"命令可以调整图像中的色调亮度，减少并分离图像的色调。打开"台球.jpg"图像，单击"图像→调整→色调分离"命令，弹出"色调分离"对话框，如图1-12-36所示。

用于确定图像变化的剧烈程度，值越小图像变化越剧烈。反之图像变化轻微。

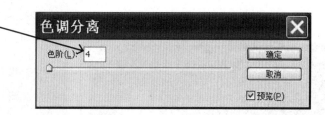

图 1-12-36 "色调分离"对话框

12.3 案例讲解——制作足球赛海报

操作步骤：

（1）将背景色设置为绿色（#6dbd73），然后按Ctrl+N组合键，弹出"新建"对话框，参照图1-12-37所示创建一个背景为绿色的图像文件。

（2）打开素材"25.JPG"图像文件，如图1-12-38（a）所示，利用"移动工具" 将其拖至新图像窗口中，并放置在图1-12-38（b）所示的位置。此时，系统自动生成"图层1"。

（3）利用"套索工具" 创建图1-12-39所示的选区，并将选区羽化10像素，按

制作足球赛海报

Ctrl+J组合键，将选区内的图像复制为"图层2"。

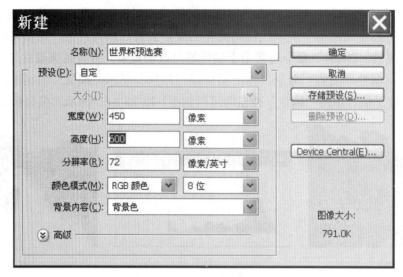

图 1-12-37　新建"对话框

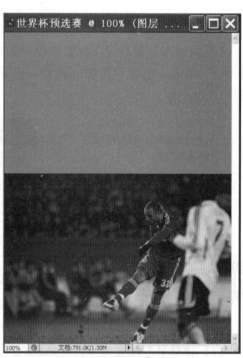

图 1-12-38　移动图像

（4）在"图层"面板中选中"图层1"，然后单击"图像→调整→色调均化"命令，调整图像，如图1-12-40（a）所示。

（5）单击"图像→调整→色调分离"命令，在弹出的"色调分离"对话框中设置"色阶"为4，单击"确定"按钮，得到图1-12-40（b）所示的效果。

图 1-12-39　创建羽化区选区

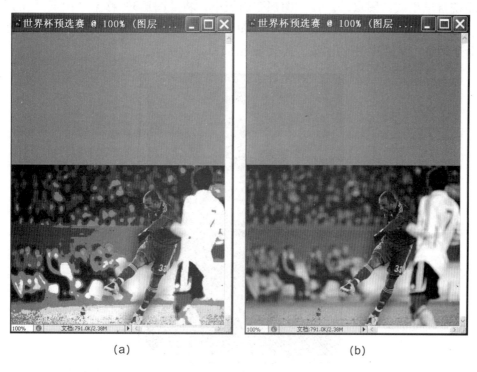

(a)　　　　　　　　　　　　　　　　(b)

图 1-12-40　利用"色调均化"和"色调分离"命令调整图像

（6）在"图层"面板中设置"图层1"的"混合模式"为"差值"，然后为该图层添加一个图层蒙版，然后编辑图层蒙版隐藏部分图像，如图1-12-41所示。

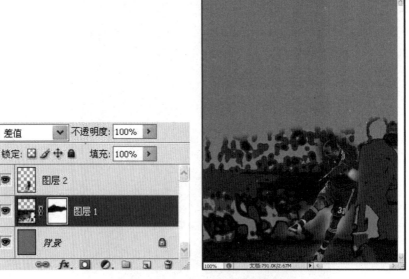

图1-12-41　添加与编辑图层蒙版

（7）打开素材"26.JPG"图像文件，利用"移动工具" 将其拖至新图像窗口的上部，系统自动生成"图层3"。在"图层"面板中，将"图层3"移至"图层2"的上方；选择"图层3"，利用Ctrl+T组合键显示自由图形框，调整图像适合大小、再利用"色调均化"命令调整"图层3"中的图像，其效果如图1-12-42所示。

图1-12-42　利用"色调均化"命令调整图像

（8）利用"椭圆选框工具"选中"图层3"中的足球，然后将选区反相；再利用"阈值"命令调整图像，在弹出的对话框中输入128数值。单击"确定"按钮，效果如图1-12-43右侧的两个图所示。

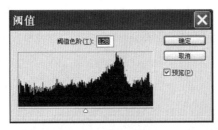

图 1-12-43　创建选区并利用"阈值"命令调整图像

（9）在"图层"面板中将"图层3"的"混合模式"设置为"颜色加深"，"填充"设置为40%，图像效果如图1-12-44所示。

图 1-12-44　设置图层属性

（10）打开素材"27.psd"图像文件，利用"移动工具"[移动工具图标]将足球图像移至新图像窗口中，放置在图1-12-45所示的位置。此时，系统自动生成"图层4"。

（11）打开素材"28.jpg"图像文件，利用"移动工具"[移动工具图标]将图像移至新图像窗口中（利用"自由变形框"适当变形图像），然后将图像所在的"图层5"移至"图层4"的下方，并设置图层"混合模式"为"变亮"，效果如图1-12-46所示。

图 1-12-45　移动图像

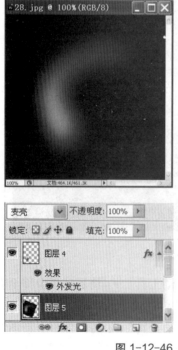

图 1-12-46　移动图像并设置图层属性

　　（12）打开素材"29.psd"图像文件，利用"移动工具"  将文字图像移至新图像窗口中，并放置在图1-12-47所示的位置。最终效果如图1-12-48所示。

图 1-12-47　放置文字图像

图 1-12-48　足球海报效果图

单元 13

通　道

13.1.1　通道的原理

我们所看到的五颜六色的彩色印刷品，其实在印刷的过程中只用了4种颜色进行印刷完成的。在印刷之前先通过计算机或电子分色机将一件艺术品分解成四色，并打印出分色胶片；一般地，一张真彩色图像的分色胶片是四张透明的灰度图，单独看每一张单色胶片时不会发现什么特别之处，但如果将这几张分色胶片分别以C（青）、M（品红）、Y（黄）和K（黑）4种颜色并按一定的网屏角度叠印在一起时，会惊奇地发现，这原来是一张绚丽多姿的彩色照片。

Photoshop具有给彩色图片分色的功能，以上面所说的印刷模式为例，Photoshop便将这种类型的图像分成了CMYK 4种基本颜色。这4种颜色并不是大杂烩般地堆砌在一起，而是一种色彩以一个通道平面来存储，这样，各种颜色互不干扰，叠合起来则形成了一个真彩色图像。

Photoshop支持多种图像模式，打开一个图像时，Photoshop会自动根据图像的模式建立起颜色通道，颜色通道的数目是固定的，且视色彩模式而定，比如RGB模式图像有3个默认颜色通道，CMYK模式图像则有4个默认颜色通道，灰度图和索引图则只有1个颜色通道。

13.1.2　通道的用途

（1）调整图像的颜色。每一个原色通道并不实际包含颜色信息，是一种颜色的像素按照不同亮度的集合。所以调整通道时，应单击"图像→调整→亮度/对比度"命令来完成。

在调整通道时，选择要编辑的通道，再单击复合通道的眼睛图标，就可以在编辑单个通道的同时观察整个图像的颜色变化。这对调整图像偏色时十分有用。

（2）存储和编辑选区。这是由Alpha通道的特点决定的。通道中的颜色就代表了选区的特性。而且通道中的编辑对图层没有任何影响，只要通道存在，选区就可以随时调用出来。

（3）利用通道创建选区。

（4）通道和滤镜的综合使用创造特殊效果。

13.1.3 通道的基本操作

默认情况下，"通道"面板是自动显示在窗口中的。在"通道"面板的下侧有4个命令按钮，它们分别是：

（1）⬡ 将通道作为选区载入：白色为选区，黑色为非选区。

（2）▣ 将选区存储为通道：其作用是将当前图像中的选取范围转化成一个蒙版保存到一个新的Alpha通道中去。

（3）⬚ 创建新通道：即快速建立一个新的通道。

（4）🗑 删除当前通道：可以删除当前选中的通道。

13.2 案例讲解

13.2.1 选取人物的头发

在Photoshop中，创建选区是基本工作，在单元2中详细介绍了Photoshop创建选区的工具。但在实际工作中，我们经常要面对复杂的图像，使用简单的选区工具很难精确地创建选区。如图1-13-1所示，要提取图像中的人物，无论使用哪种工具都不可能将人物的头发选中，下面介绍利用通道功能选取图像的操作方法和技巧。

选取人物的头发

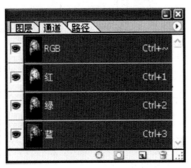

图 1-13-1　提取图像中的人物

操作步骤：

（1）打开图像，打开"通道"面板，可发现在"通道"面板中有4个通道，分别是RGB复合通道、红色单色通道、绿色单色通道、蓝色单色通道。单击单色通道，图像效果如图1-13-2所示。

图 1-13-2　单色通道中的图像

（2）从图1-13-2中可以看出，红色通道中的图像亮度较高，人物与背景图案的对比度较大。复制红色通道，命名为"选区"。

（3）按Ctrl+M组合键，弹出"曲线"对话框，调整"选区"通道中的图像，如图1-13-3所示。

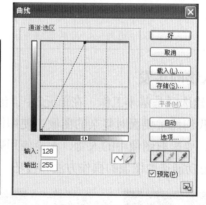

图 1-13-3　调整选区中的通道图像

（4）按Ctrl＋I组合键，使选区中的图像反相显示。单击工具箱中的"橡皮擦工具"，确保背景色为黑色，擦除人物脸部的白色区域。然后单击工具箱中的"多边形套索工具"，将人物的衣服所显示的灰色区域选中，并填充背景色——黑色，如图1-13-4所示。

（5）按Ctrl+D组合键，取消图像中的选区。按Ctrl+M组合键，再次打开"曲线"对话框，参数调整如图1-13-5所示。

图 1-13-4　修整人物区域

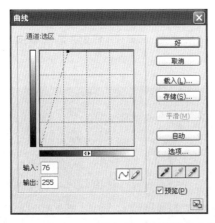

图 1-13-5　调整非人物选区图像

（6）单击RGB复合通道，回到"图层"面板，单击"选择→载入选区"命令，弹出"载入选区"对话框，在"通道"下拉列表中选择"选区"，单击"好"按钮，即可在图像中载入"选区"通道中的选区，如图1-13-6所示。

图 1-13-6　载入选区

（7）按Ctrl+Shift+I组合键，反选图像、按快捷键Ctrl+Shift+J即可将选取的人物剪切并粘贴到一个新图层中。将背景色填充黑色，可以看出人物以完全提取出来，甚至包括飘扬的头发细丝，如图1-13-7所示。

图 1-13-7　提取人物对象

13.2.2 飞驰的汽车

通过通道设置，实现让汽车呈现飞驰的效果。图1-13-8所示是原图效果，图1-13-9所示是添加了动感后的效果图。

图 1-13-8　原图

图 1-13-9　效果图

操作步骤：

(1) 先用磁性套索工具把汽车勾选出来，形成一个选区，如图1-13-10所示。

图 1-13-10　创建选区

(2) 打开"通道"面板，存储选区，命名为"汽车"，如图1-13-11所示。

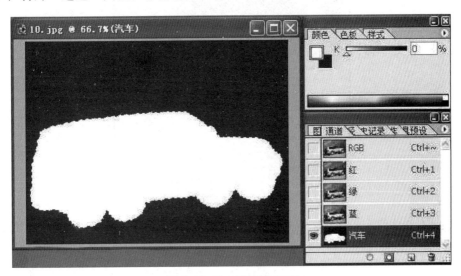

图 1-13-11　"通道"面板

(3) 不要取消选区，继续为选区填充黑白线性渐变，效果如图1-13-12所示。

(4) 单击"通道"面板底部的"将通道作为选区载入"按钮，原先的选区消失，产生一个新的选区，如图1-13-13所示。

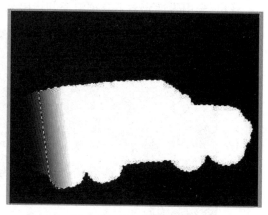

图 1-13-12　填充渐变效果　　　　　　　　图 1-13-13　载入选区

（5）回到"图层"面板，选中"背景"图层，反选选区，现在选中的不是汽车，而是四周的景色。

（6）单击"滤镜→模糊→动感模糊"命令，弹出"动感模糊"对话框，角度为9度。距离的设置要看效果，根据图片的像素大小来定的，效果如图1-13-14所示。

图 1-13-14　动感模糊滤镜

由于没有选中汽车的尾部，反选之后，尾部也一起发生了动感模糊，达到了目的。

第 2 部分

GUI 图形界面设计
——基于印刷输出的图形界面设计与制作

　　UI（User Interface，用户界面）泛指用户的操作界面，包含移动App、网页、智能穿戴设备等。图形用户界面（Graphical User Interface，GUI，又称图形用户接口）是指采用图形方式显示的计算机操作用户界面。UI设计主要指界面样式的美观程度。在使用上，软件的人机交互、操作逻辑相对界面美观的整体设计是同样重要的另一个门道。好的UI不仅是让软件变得有个性有品味，还要让软件的操作变得舒适、简单、自由，充分体现软件的定位和特点。

　　随着数字媒体技术的飞速发展和更新，UI设计课程已经覆盖至多个专业，如计算机应用技术、软件技术、电子商务专业，所有基于界面显示的软件等都需要开设UI设计这门课程。

　　第二部分主要以项目案例为主，共11个项目，内容涵盖Photoshop的基础知识与基本操作，主要以书籍装帧、影楼后期、喷绘设计、海报设计、广告设计和画册设计为主。

通过第2部分的学习能具备以下三点：

1. 能力目标

（1）能够熟练掌握Photoshop软件对图像进行处理。

（2）能够对书籍装帧进行全面设计制作。

（3）能够对图片进行修饰并进行影楼后期制作。

（4）能够对不同的海报形式进行设计与制作。

（5）掌握不同的市场动态，对不同行业的画册（DM）广告进行设计与制作。

（6）能够使用Photoshop制作、处理网站的图片。

2. 案例的学习方法

（1）善于观察，善于分析。

（2）在生活中多关注不同的设计创意，如"图形、包装、品牌和装修"等。

第一步：认识设计，技术纯熟，临摹作品作为主要创业阶段。

第二步：亲自上阵，体会精髓，具备独立分析修改的能力。

第三步：开动脑筋，举一反三，完成个人设计的创意作品。

3. 掌握印刷流程与工艺：

印刷工艺分为两部分：

第一步：印前工作需要设计师进行精心制作并进行严格的存储管理。

第二步：印后工作需要对设计作品进行工艺品质处理。（如对封面文字制作反光效果并且制作触摸突出效果等）。

单元 1

书籍封面设计

1.1 概述

书籍装帧是书籍生产过程中的装潢设计工作，又称书籍艺术。书籍装帧是在书籍生产过程中将材料和工艺、思想和艺术、外观和内容、局部和整体等组成和谐、美观的整体的艺术。

书籍装帧设计是书籍造型设计的总称，是指书籍的整体设计。一般包括选择纸张和封面材料，确定开本、字体、字号，设计版式，决定装订方法以及印刷和制作方法等。它包括的内容很多，其中封面，扉页和插图设计是其中的三大主体设计要素。

好的封面设计应该在内容的安排上要做到繁而不乱，就是要有主有次，层次分明，简而不空，意味着简单的图形中要有内容，增加一些细节来丰富它。例如在色彩上、印刷上、图形的有机装饰设计上多做些文章，使人看后有一种气氛、意境或者格调。

封面设计是书籍装帧设计的重要组成部分。

（1）儿童类书籍。形式较为活泼，在设计时多采用儿童插图作为主要图形，再配以活泼稚拙的文字构成书籍封面，如图2-1-1所示。

图 2-1-1 儿童书籍

（2）画册类书籍。开本一般接近正方形，常用12开、24开等，便于安排图片。常用的设计手法是选用画册中具有代表性的图画再配以文字。如图2-1-2所示。

图 2-1-2　某产品画册

（3）文化类书籍。较为庄重，在设计时，多采用内文中的重要图片作为封面的主要图形，文字的字体也较为庄重，多用黑体或宋体；整体色彩的纯度和明度较低，视觉效果沉稳，以反映深厚的文化特色，如图2-1-3所示。

图 2-1-3　文化类书籍

（4）丛书类书籍。整套丛书设计手法一致，每册书根据介绍的种类不同更换书名和主要图形。这一般是成套书籍封面的常用设计手法，如图2-1-4所示。

图 2-1-4 丛书类书籍

（5）工具类图书。一般比较厚，而且经常使用，因此在设计时，为防止磨损多用硬书皮；封面图文设计较为严谨、工整，有较强的秩序感，如图2-1-5所示。

图 2-1-5 工具类图书

1.1.1 图书的结构

图书的结构包括5部分：封面（封一）、封里（封二）、封底里（封三）、封底（封四）和书脊。

（1）封面：又称书皮或封一，记载书名、卷、册、著者、版次、出版社等信息，封面能增强图书内容的思想性和艺术性，可以加深对图书的宣传，在设计上不同于一般的绘画。图书的封面对图书的内容具有从属性，同时要考虑读者的类型，要为读者所理解。

（2）封里：又称封二，指封面的里面。

（3）封底里：又称封三。

（4）封底：又称封四或底封，是书的最后一页，它与封面相连，除印有统一书号和定价、条形码外，一般是空白，有的还会有内容提要、说明和作者介绍等内容，甚至还会有与本书有关的某些图书的广告，而且宣传效果比封二、封三都好。

（5）书脊：书的脊背，平装书和精装书封面和封底的联结处，一般印有书名、作者名、出版单位名等。

除上述5部分外，还包括：

（1）扉页：又称内中副封面。在封二或衬页之后，印的文字和封面相似，但内容相对详细。扉页的作用首先是补充书名、著作、出版者等项目，其次是装饰图书增加美感。

（2）辅文：是相对于正文而言的，是起辅助说明作用或辅助参考作用的内容，如内容提要、序言、前言、目次、补遗、附录、注文、参考文献、索引、后记（跋语）等。图书结构如图2-1-6所示。

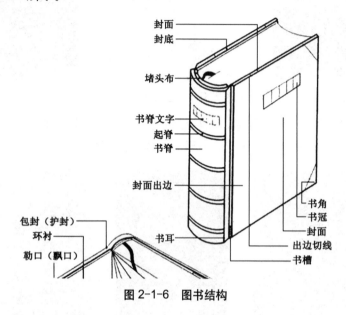

图 2-1-6　图书结构

1.1.2　书籍的基本设计结构

基本设计结构包括5部分：

（1）书前封（封面）：可拆卸封面，一般和封面在设计上是一样的，主要作用就是保护封面，如图2-1-7所示。

图 2-1-7　封面

（2）书脊：书脊就是书的脊背，连接前封和后封，书脊的厚度要计算准确，这样才能确定书脊上的字体大小，设计出合适的书脊。通常书脊上部放置书名、作者名、出版社名，如果是丛书，还要印上丛书名。通常书脊还可分为平脊和圆脊，如图2-1-8和图2-1-9所示。

（3）后封（封底）：书籍的底部设计。后封上通常放置出版者的标志、系列丛书书名、书籍价格、条形码及有关插图等。一般来说，后封尽可能设计得简单一些，但要和前封及书脊的色彩、字体编排方式统一，如图2-1-10所示。

| 图2-1-8 平脊 | 图2-1-9 圆脊 | 图2-1-10 封底 |

（4）勒口：比较考究的平装书，一般会在前封和后封的外切口处，留有一定尺寸的封面纸向里转折，5～10 cm前封翻口处称为前勒口，后封翻口处称为后勒口。勒口可放置作者简介，如图2-1-11所示。

（5）腰封：腰封裹住护封的下部，高约5 cm，只及护封的腰部，因此称为腰封。腰封是在书籍印出之后才加上去的，往往是出书后出现了与这本书有关的重要事件，必须补充介绍给读者。腰封的使用不应当影响护封的效果，如图2-1-12所示。

| 图2-1-11 勒口 | 图2-1-12 腰封 |

1.1.3　开本的概念

1. 开本

开本是用全张印刷纸开切的若干等份，表示图书幅面的大小。开本以"开数"来区分。

2. 开数

开数指一全张纸开切成的纸页数量，如16开，被开切成16张纸。

开本示意图如图2-1-13所示。

图 2-1-13　开本示意图

1.1.4　装订

装订是书籍从配页到上封成型的整体作业过程，包括把印好的书页按先后顺序整理、连接、缝合、装背、上封面等加工程序。

1. 平钉

平钉是把印好的书页经折页、配贴成册后，在钉口一边用铁丝钉牢，再包上封面的装钉方法，用于一般书籍的装钉。

优点：方法简单，双数和单数的书页都可以钉。

缺点：书页翻开时不能摊平，不便阅读；其次是钉眼要占用5 mm左右的有效版面空间，降低了版面率。

平钉不宜用于厚本书籍，而且铁丝时间长容易生锈折断，影响美观和书页脱落。

平钉图解如图2-1-14所示。

2. 骑马钉

骑马钉是把印好的书页连同封面，在折页的中间用铁丝钉牢的方法，适用于页数不多的杂志和小册子，是书籍钉合中最简单方便的一种形式。

优点：简便，加工速度快，钉合处不占有效版面空间，书页翻开时能摊平。

缺点：书籍牢固度较低，且不能钉合页数较多的书，且书页必须要配对成双数才行。

骑马钉图解如图2-1-15所示。

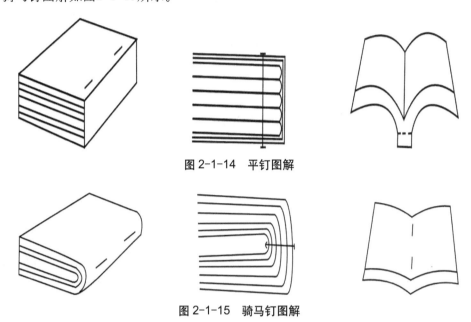

图 2-1-14   平钉图解

图 2-1-15   骑马钉图解

3. 胶背钉

胶背钉是指不用纤维线或铁丝钉合书页，而用胶水料粘合。

优点：方法简单，书页也能摊平，外观坚挺，翻阅方便，成本较低。

缺点：牢固度稍差，随着时间的增加，乳胶会老化引起书页散落。

胶背钉图解，如图2-1-16所示。

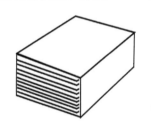

图 2-1-16   胶背钉图解

4. 胶钉

胶钉把折页、配贴成册后的书芯按前后顺序用线紧密地串起来，然后再包以封面。

优点：既牢固又易摊平，适用于较厚的书籍或精装书。与平钉相比，书的外形无钉迹，且书页无论多少都能在翻开时摊平，是理想的装钉形式。

缺点：成本偏高，且书页也须成双数才能对折钉线。

胶钉图解，如图2-1-17所示。

 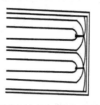 

图 2-1-17　胶钉图解

1.2　封面设计一——《乱世英雄》

设计说明：

［课堂讲解］封面设计

项目名称：重读乱世英雄

项目背景：网络小说畅销书

规格要求：35 cm×21 cm

分 辨 率：300像素

颜色模式：CMYK

设计要求：简洁大气

注：形状图层的应用

设计效果：图2-1-18

操作步骤：

图 2-1-18　"乱世英雄"封面设计效果

（1）按规格要求新建任务，封面17 cm＋封底17 cm＋书脊1 cm，并设置参考线，如图2-1-19所示。

图 2-1-19　设置参考线

（2）分别在封面和封底绘制形状并进行布尔运算：使用"矩形工具"绘制2个矩形形状，再绘制一个圆形并进行同层运算，可将封面的形状复制到封底对称位置，如图2-1-20所示。

图2-1-20　辅助元素设计

（3）打开素材文件，将图片置入封面并对其进行调整位置，如图2-1-21所示。

图2-1-21　置入图片

（4）在封面和书脊中录入文字并对文字进行字体设置和排版，如图2-1-22所示。

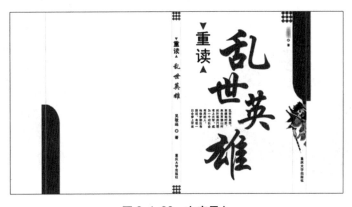

图2-1-22　文字录入

（5）在封底中录入文字并对文字进行字体设置和段落排版，打开素材图片置入虎符图片，如图2-1-23所示。

图 2-1-23　字体设置和排版

（6）通过载入动作任务，最终完成立体展示。3种不同效果的展示如图2-1-24所示。

图 2-1-24　立体展示

1.3 封面设计二——《来自山沟的大智慧》

设计说明：

[课堂讲解] 封面设计

项目名称：来自山沟的大智慧

项目设计：图文混排

规格要求：35.2 cm×21 cm

分 辨 率：300像素

颜色模式：CMYK

设计要求：简洁大气

注：封面图片采用图层蒙版，保留原图

设计效果：见图2-1-25

图 2-1-25 《来自山沟的大智慧》封面设计效果

操作步骤：

（1）按要求新建任务，书脊为1.2 cm，并设置参考线，如图2-1-26所示。

图 2-1-26 设置参考线

（2）打开素材，安装字体并进行封面文字排版，如图2-1-27所示。

图 2-1-27　封面文字排版

（3）置入封面图片（对图片进行蒙版应用，便于后期调整图片大小），如图2-1-28所示。

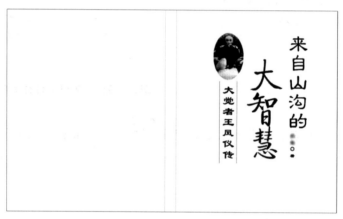

图 2-1-28　封面图片蒙版应用

（4）在封面中添加红色正方形形状和文字，如图2-1-29所示。

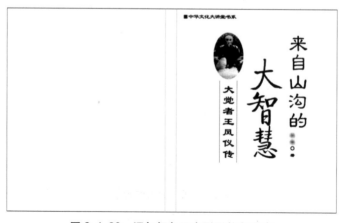

图 2-1-29　添加红色正方形形状和文字

（5）对书脊内容和封底段落文字排版，如图2-1-30所示。

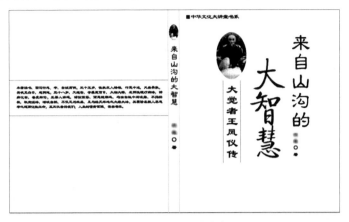

图 2-1-30 文字排版

（6）封面及封底置入竹林图片进行调整（可对图片进行自由变换，快捷键为Ctrl+T），如图2-1-31所示。

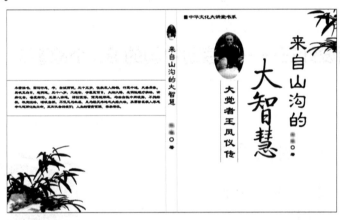

图 2-1-31 置入图片调整

（7）在封底加入条形码，如图2-1-32所示，最后再标注定价。

图 2-1-32 加入条形码

（8）应用载入"动作"任务完成3种立体效果展示，如图2-1-33所示。

图 2-1-33　立体展示

1.4　封面设计三——《感动中国的 90 个故事》

设计说明：

［课堂讲解］封面设计

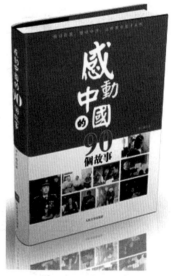

项目名称：感动中国的90个故事

项目设计：图文混排

规格要求：42 cm × 27 cm

分 辨 率：300像素

颜色模式：CMYK

设计要求：简洁大气

注：按图片尺寸合理排版

设计效果：见图2-1-34

图 2-1-34　《感动中国的 90 个
故事》封面设计效果

操作步骤：

（1）按要求新建任务，书脊为3 cm并设置参考线，绘制红色矩形形状，如图2-1-35所示。

图 2-1-35 设置参考线

（2）封面标题文字排版，对数字"90"应用图层样式进行描边，如图2-1-36所示。

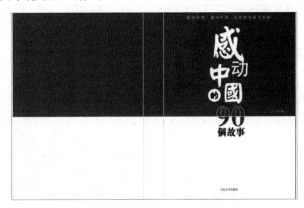

图 2-1-36 标题文字排版

（3）封面图片排版，如图2-1-37所示。

图 2-1-37 图片排版

（4）对书脊内容进行排版，如图2-1-38所示。

图2-1-38　书脊排版

（5）封底排版，在封底加入条形码和二维码并给出价格，如图2-1-39所示。

图2-1-39　封底排版

（6）应用载入"动作"任务完成3种立体效果展示，如图2-1-40所示。

图2-1-40　立体展示

1.5 封面设计四——《宽容》

设计说明：

[课堂讲解] 封面设计

图 2-1-41 《宽容》封面设计效果

项目名称：宽容

项目设计：图文混排

规格要求：41 cm × 27 cm

分 辨 率：300像素

颜色模式：CMYK

设计要求：简洁大气

注：按图片尺寸合理排版

设计效果：见图2-1-41

操作步骤：

（1）按规格要求新建任务，书脊为2 cm并设置参考线，对图片素材进行渐变蒙版，如图2-1-42所示。

图 2-1-42 设置参考线

（2）对封面人物进行抠图并排版设计，注意图层样式中的阴影效果，如图2-1-43所示。

图 2-1-43　封面人物排版

（3）对封面文字排版，如图2-1-44所示。

图 2-1-44　封面文字排版

（4）书脊内容排版，如图2-1-45所示。

图 2-1-45　书脊排版

（5）对封底文字排版，注意文字比例及行间距设置，如图2-1-46所示。

图 2-1-46　封底文字排版

（6）应用载入"动作"任务完成3种立体效果展示，如图2-1-47所示。

图2-1-47　立体展示

课堂练习

1. 书籍封面设计实训命题创作

需求分析：

（1）自主命题，如"帝王非常道"或"帝王非常道之***"。

（2）根据所提供的素材及网络自选素材进行创意设计。

（3）最终效果符合主题。

（4）尽量保持图像的完整性。

2. 实训

实训1　帝王非常道（历史题材封面设计）。

实训要求：根据所给素材进行书籍封面设计。

（1）书名为《帝王非常道》或《帝王非常道之***》。

（2）尺寸：170 mm×240 mm×12 mm×50 mm（前勒口50 mm+封面170 mm+书脊12 mm+封底170 mm+后勒口50 mm=宽452 mm×高240 mm）、CMYK 300。

（3）立体效果包括"封面书脊、封底书脊、其他效果"3种。

（4）封底内容：条形码、版权所有 翻版必究、定价：57元。

（5）作者：本人姓名。

（6）出版社：中国华侨出版社。

实训2　小说封面设计。

实训要求：根据平时所看书籍进行设计。

需求分析：

（1）按要求及素材自主命题。

（2）根据网络自选素材进行创作（可以有选择性地使用）。

（3）最终效果符合主题。

（4）尽量保持图像的完整性。

提示：

对于书籍封面制作来说，设计封面是非常严格的，它的设计好坏会直接影响销量，封面设计的成败取决于设计定位。

单元 2

杂志封面设计

2.1 《魅丽》杂志设计

设计说明：

[课堂讲解] 杂志封面设计

项目名称：魅丽

项目设计：图文混排

规格要求：55 cm × 70 mm

分 辨 率：250～300像素

颜色模式：RGB

设计要求：图层样式及蒙版的应用

设计效果：见图2-2-1

图 2-2-1 《魅丽》杂志封面设计效果

操作步骤：

（1）按要求新建任务，书脊为1cm并设置参考线，如图2-2-2所示。

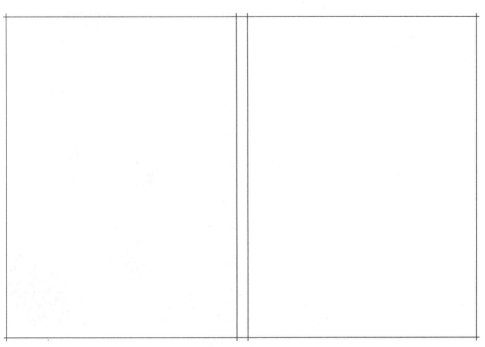

图 2-2-2　设置参考线

（2）加入背景渐变色及书脊形状，如图2-2-3所示。

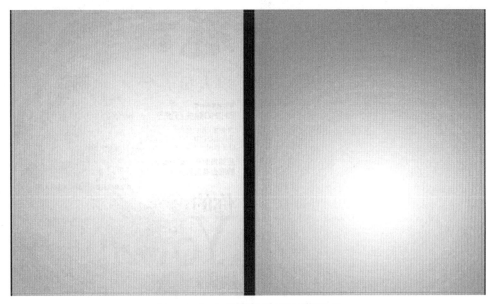

图 2-2-3　加背景渐变色及书背形状

（3）置入人物图像，并对图像进行蒙版处理，如图2-2-4所示。

图 2-2-4　图像蒙版

（4）置入图片并对封面文字进行排版设计，如图2-2-5所示。

图 2-2-5　封面文字排版

（5）在书脊中编辑文本，置入封底图片并对封底文字进行排版设计，如图2-2-6所示。

图 2-2-6　排版设计

（6）载入动作完成立体效果，如图2-2-7所示。

图 2-2-7　立体展示

2.2 《悦读》杂志设计

设计说明：

[课堂讲解] 杂志封面设计

项目名称：悦读
项目设计：图文混排
规格要求：44 cm × 29 cm
分 辨 率：100像素
颜色模式：RGB
设计要求：图层样式蒙版的应用
设计效果：见图2-2-8

图 2-2-8 《悦读》杂志设计效果

操作步骤：

（1）按规格要求新建任务，书脊为1 cm并设置参考线，如图2-2-9所示。

图 2-2-9 设置参考线

（2）对背景进行颜色渐变设置，如图2-2-10所示。

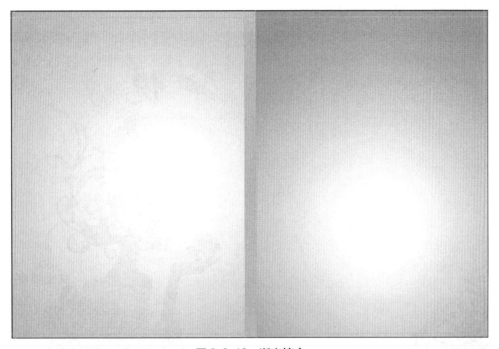

图 2-2-10　渐变填充

（3）在封面中置入图片并对其进行调整位置，如图2-2-11所示。

图 2-2-11　在封面中置入图片

（4）在封面中添加文字和形状并进行排版，并对标题文字"悦读"添加图层样式：斜面浮雕和投影，如图2-2-12所示。

图2-2-12　添加文字和形状

（5）在书脊中添加文字并排版，如图2-2-13所示。

图2-2-13　书脊文字排版

（6）置入封底图片，进行图层蒙版设置，如图2-2-14所示。

图 2-2-14 图层蒙版设置

（7）应用"动作"面板，最终完成立体效果，如图2-2-15所示。

图 2-2-15 立体展示

课堂训练

1. 杂志封面设计实训命题创作

需求分析：

（1）自主命题，如"新瑞丽杂志""读者感想篇"等。

（2）应用网络下载素材进行创意设计。

（3）最终效果符合主题。

（4）尽量保持图像的完整性。

2．实训

实训1　根据生活中所阅读过的杂志进行个人创意设计。

请自行发挥。

实训2　设计一本所学专业课程名称杂志，如"新媒体导刊""软件实用技巧"等。

提示：

在杂志设计中，极简主义是一种比较经典的排版设计，去掉了不必要的修饰，留下大片的空白，目的就是让人的心情平静，特别是运用在杂志设计中更显得大方。

单元3

喷绘设计——商业海报

3.1 X 展架设计——"水之润洗发露"

设计说明：

[课堂讲解] 商业广告设计——X展架

项目名称：水之润洗发露

项目设计：图文混排

规格要求：60 cm×160 cm

分 辨 率：72像素

颜色模式：CMYK

设计要求：简洁清爽、合理排版

注：形状图层的应用

设计效果：见图2-3-1

图 2-3-1 "水之润洗发露"
X 展架设计效果

操作步骤：

（1）按要求完成新建任务，使用"钢笔工具"完成蓝色和白色形状的绘制，如图2-3-2所示。

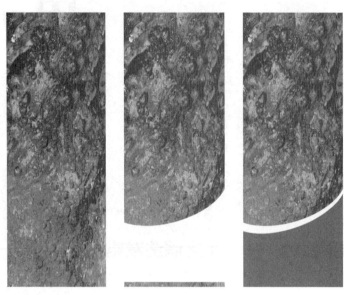

图2-3-2　绘制形状图层

（2）对人物素材进行抠图并新建"人物"图层，如图2-3-3所示。

图2-3-3　人物素材抠图

（3）导入产品图片素材，为图片设置倒影效果，如图2-3-4所示。

图 2-3-4　设置倒影图片

（4）进行文字编辑排版，如图2-3-5所示。

图 2-3-5　文字编辑排版

（5）最终完成展架效果，如图2-3-6所示。

图 2-3-6　效果展示

3.2　易拉宝设计——"非诚勿扰"

设计说明:

[课堂讲解] 商业广告设计——易拉宝

项目名称:《非诚勿扰》

项目设计: 图文混排

规格要求: 60 cm × 160 cm

分 辨 率: 72像素

颜色模式: CMYK

设计要求: 简洁清爽、图片合理排版

设计效果: 见图2-3-7

图 2-3-7　"非诚勿扰"
易拉宝设计效果

操作步骤:

（1）按要求完成新建任务，注意图层的应用，如图2-3-8所示。

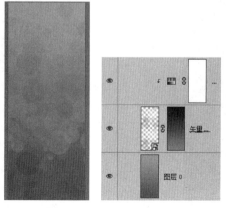

图 2-3-8　图层的应用

（2）按要求安装字体库，在顶部加入标题并绘制线形，如图2-3-9所示。

（3）加入形状并对文字并进行编辑，如图2-3-10所示。

图2-3-9　绘制线形

图 2-3-10　绘制形状

（4）加入相关内容，对文字进行排版，如图2-3-11所示。

（5）对图片进行排版，并对图片添加图层阴影样式，如图2-3-12所示。

图 2-3-11　文字排版

图 2-3-12　添加图层阴影样式

（6）完成易拉宝展示效果，如图2-3-13所示。

图 2-3-13　展示效果

3.3　商业广告设计——"北海湾开盘地产宣传"

设计说明：

[课堂讲解] 商业广告设计

项目名称：北海湾开盘地产宣传

项目设计：图文混排

规格要求：23 cm×29 cm

分 辨 率：300像素

颜色模式：CMYK

设计要求：图层样式的应用

　　　　　图层混合模式

　　　　　图层蒙版的应用

　　　　　剪贴蒙版的应用

设计效果：见图2-3-14

图 2-3-14　"北海湾开盘地产宣传"广告设计效果

操作步骤：

（1）按要求完成新建任务，导入渐变图片素材，如图2-3-15所示。

图2-3-15　导入渐变图片

（2）导入云层图片，加入图层蒙版进行渐变操作，如图2-3-16所示。

图2-3-16　图层蒙版

（3）导入烟花素材，调整相应位置，如图2-3-17所示。

图 2-3-17 导入烟花素材

（4）导入图片素材，调整图片显示效果，更改图层模式为"明度"，如图2-3-18所示。

图 2-3-18 更改图层模式

（5）打开人物素材进行抠图处理，调整至中间位置，如图2-3-19所示。

图 2-3-19　人物抠图

（6）导入鸽子素材图片，调整至右侧位置，如图2-3-20所示。

图 2-3-20　导入鸽子图片

（7）导入文字背景素材图片，如图2-3-21所示。

图 2-3-21　导入文字背景

（8）录入文本信息进行编辑并排版，如图2-3-22所示。

图 2-3-22　编辑文字

（9）完成效果，如图2-3-23所示。

图 2-3-23　效果展示

课堂训练

1. 展架及易拉宝设计实训命题创作

需求分析：

（1）根据所给案例素材完成作品创作。

（2）网络下载素材进行创意设计X展架、易拉宝设计和擎天柱广告设计。

（3）最终效果符合主题。

（4）尽量保持图像的完整性。

2. 实训

实训1　X展架设计（品牌宣传）。

实训2　易拉宝设计（校园主题活动）。

实训3　擎天柱广告设计（房地产广告）。

提示：

商业海报对商品和企业具有重要的宣传作用，可以提升商品的品味，可以成为企业的象征，它具备商业性、时效性、目的性、艺术性、整体性、创新性等特点。

单元 4

喷绘设计——产品海报（打印机）

设计说明：

[课堂讲解] 产品海报设计

项目名称：打印机

项目设计：图文混排

规格要求：21 cm×29.7 cm

分 辨 率：96像素

颜色模式：RGB

设计要求：突显产品特点，合理排版

注：形状图层的应用

设计效果：见图2-4-1

图 2-4-1 "打印机" 海报设计效果

操作步骤：

（1）按要求完成新建任务，对背景进行渐变色调整，如图2-4-2所示。

（2）在海报中导入素材图片，并将其调整至适当位置，如图2-4-3所示。

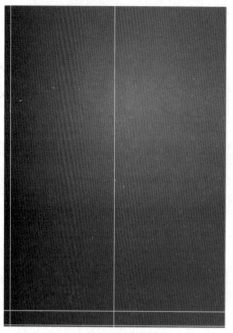

图 2-4-2　渐变色调整

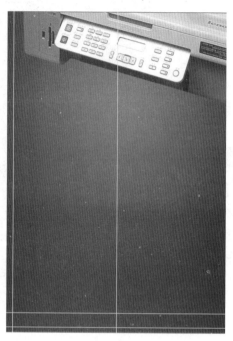

图 2-4-3　调整图片位置

（3）使用"钢笔工具"绘制纸张形状并对进行调整，用画笔工具对纸张和打印机接口涂色，使其自然显示，如图2-4-4所示。

（4）导入素材，对素材进行色彩调整，如图2-4-5所示。

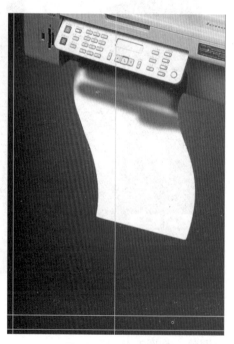

图 2-4-4　绘制形状

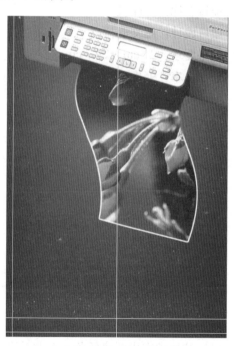

图 2-4-5　导入素材

（5）剪切花朵并复制图层进行拼接，使花朵效果突出显示，如图2-4-6所示。

（6）将案例素材小鸟导入新建图层，加入文字，如图2-4-7所示。

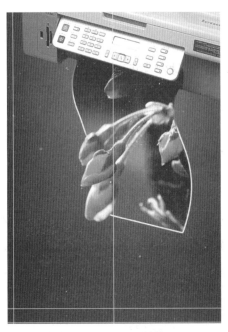

图 2-4-6　图层拼接

图 2-4-7　导入图片

（7）新建图层并绘制矩形形状，分别导入"产品1"和"产品2"图片，如图2-4-8所示。

（8）加入文字并进行编辑排版，完成效果展示，如图2-4-9所示。

图 2-4-8　绘制矩形形状

图 2-4-9　效果展示

课堂训练

1. 产品海报设计实训命题创作

需求分析：

（1）以某新型产品实施案例进行创意设计。

（2）"产品"活动时间突出，内容安排合理，品牌风格主题明确。

（3）最终效果符合主题。

（4）尽量保持图像的完整性。

2. 实训

实训1　对某数码产品进行海报设计（上市时间、功能等）。

实训2　对某打印进行海报设计。

提示：

产品海报在各大卖场、超市、门店、学校等应用广泛，具有很强的宣传性。一个好的产品海报设计，能够迎合顾客的需求体验。特别是短时促销，具有很强的宣传作用。

单元5

喷绘设计——影视海报（决战）

设计说明：

[课堂讲解] 影视海报设计

项目名称：决战

项目设计：图文混排

规格要求：42 cm × 61 cm

分 辨 率：72像素

颜色模式：RGB

设计要求：电影中人物的主次分明

注：形状图层和剪贴蒙版

设计效果：见图2-5-1

图 2-5-1 "决战"封面设计效果

操作步骤：

（1）按要求完成新建任务，对背景进行色调调整并设置相应参考线，如图2-5-2所示。

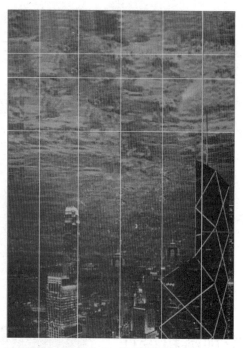

图 2-5-2　设置参考线

（2）在海报中导入"冰火拳头"素材，并对其进行渐变蒙版，如图2-5-3所示。

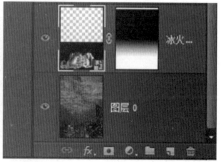

图 2-5-3　渐变蒙版

（3）绘制矩形形状并对图像素材进行剪贴蒙版设置，在海报中导入素材图片并将其调整至适当位置，如图2-5-4所示。

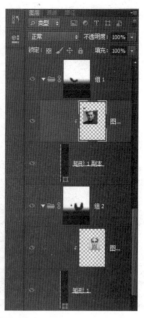

图2-5-4　剪贴蒙版设置

（4）绘制矩形形状并对图像素材进行剪贴蒙版设置，在海报中导入素材图片并将其调整至适当位置，如图2-5-5所示。

图2-5-5　绘制矩形形状

（5）绘制线形框并在海报中加入文字，对文字进行编辑排版，如图2-5-6所示。

图 2-5-6 标题排版

（6）完成最终效果，如图2-5-7所示。

图 2-5-7 效果展示

课堂训练

1. 影视海报设计实训命题创作

需求分析：

（1）以人物为主题，结合影视案例进行设计。

（2）人物特点突出，图片安排合理，整体风格主题明确。

（3）最终效果符合主题。

（4）尽量保持图像的完整性。

2. 实训

实训1　设计电影海报《寒战》。

实训2　设计电影海报《草原英雄小姐妹》。

提示：

电影海报是电影艺术的重要内容，它在影片宣传、电影文化传播等方面发挥着重要作用。同时，电影海报也是一种独特的视觉艺术，视觉要素的运用对电影海报设计有着重要意义，它可以提高影片的视觉冲击力凸显海报设计的艺术本质，展现电影海报的文化特质。

单元6

喷绘设计——食品海报

6.1 "草莓的饮品"海报

设计说明：

[课堂讲解] 食品海报

项目名称：草莓多饮品

项目设计：图文混排

规格要求：17 cm×27 cm

分 辨 率：300像素

颜色模式：CMYK

设计要求：图层样式的应用

　　　　　形状图层的应用

　　　　　标题文字的排版

设计效果：见图2-6-1

图2-6-1 "草莓饮品"封面设计效果

操作步骤：

（1）按要求完成新建任务，对背景进行渐变调整，如图2-6-2所示。

图2-6-2　渐变调整

（2）绘制形状，对形状进行渐变调色，如图2-6-3所示。

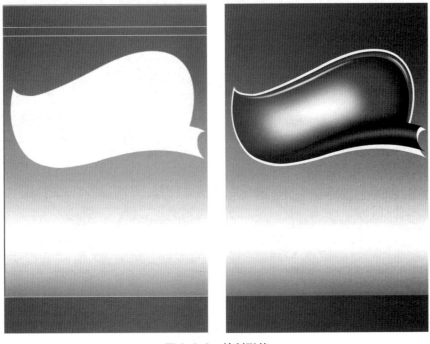

图2-6-3　绘制形状

（3）导入草莓图像，调整相应位置，如图2-6-4所示。

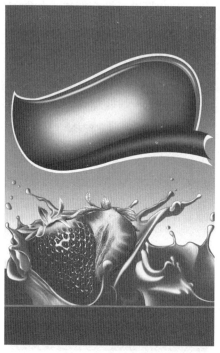

图2-6-4　导入图片

（4）输入主题文字，并对文字进行描边和颜色调整，如图2-6-5所示。

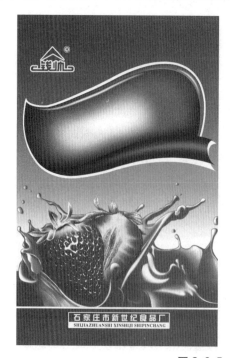

图2-6-5　文字排版

（5）完成最终效果，如图2-6-6所示。

图 2-6-6　效果展示

6.2　"味千营养早餐"海报

设计说明：

[课堂讲解]　食品海报

项目名称：营养早餐

项目设计：图文混排

规格要求：60 cm × 90 cm

分 辨 率：100像素

颜色模式：CMYK

设计要求：图层样式的应用

　　　　　形状图层的应用

设计效果：见图2-6-7

图 2-6-7　"营养早餐"封面设计效果

操作步骤：

（1）按规格要求完成新建任务，对背景图片进行色调调整，如图2-6-8所示。

图 2-6-8　色调调整

（2）依次导入图片素材并对其进行自由变换，如图2-6-9所示。

图 2-6-9　自由变换图形

（3）输入标题文字，对其进行图层样式的"描边"操作，如图2-6-10所示。

（4）给标题文字加入形状背景，对形状进行渐变填充，如图2-6-11所示。

图2-6-10　图层样式

图2-6-11　绘制形状

（5）新建圆角矩形形状，加入早餐时间，如图2-6-12所示。

（6）导入素材LOGO并新建图层，对文字进行编辑排版，如图2-6-13所示。

图2-6-12　编辑文本

图2-6-13　导入LOGO

（7）展示人拿海报的最终效果，如图2-6-14所示。

图 2-6-14　效果展示

课堂训练

1. 食品海报设计实训命题创作

需求分析：

（1）以本节课堂实训素材为主进行海报设计。

（2）食品危害内容突出，图片安排合理。

（3）最终效果符合主题。

（4）尽量保持图像的完整性。

2. 实训

实训1　制作"校园垃圾食品"的危害海报。

实训2　制作"必胜香酥罗非鱼比萨"海报。

单元 7

喷绘设计——创意海报

7.1 "演唱会"娱乐海报制作

设计说明：

[课堂讲解] 创意海报制作

项目名称：娱乐宣传海报

项目设计：图文混排

规格要求：17 cm×23 cm

分辨率：72像素

颜色模式：RGB

设计要求：图层样式的应用

形状图层的应用

图层混合模式的应用

图层蒙版及剪贴蒙版的应用

设计效果：见图2-7-1

图 2-7-1 "演唱会"娱乐海报设计效果

操作步骤：

（1）按规格要求完成新建任务，对人物图像进行处理，使用"画笔工具"及"钢笔工具"对选区进行颜色填充，如图2-7-2所示。

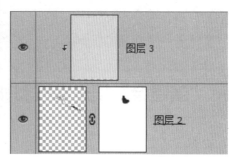

图 2-7-2　对选区填充颜色

（2）依次添加油漆效果，如图2-7-3所示。

图 2-7-3　添加油漆效果

（3）添加辅助图形，并运用"矢量图形工具"绘制图形。单击"选择→修改→收缩"命令收缩选区，使用橡皮擦工具擦除多余部分，如图2-7-4所示。

（4）添加辅助图形，进行复制操作，如图2-7-5所示。

图 2-7-4 添加辅助图形 1

图 2-7-5 添加辅助图形 2

（5）添加文字，并运用图层样式，完成最终效果，如图2-7-6所示。

图 2-7-6 图层样式

7.2 "母亲节"海报制作

设计说明：

[课堂讲解] 创意海报制作

项目名称："母亲节"海报设计

项目设计：图文混排

规格要求：42 cm × 60 cm

分 辨 率：72像素

颜色模式：RGB

设计要求：图层样式的应用

图层混合模式的应用

图层蒙版的应用

设计效果：见图2-7-7

图2-7-7 "母亲节"海报设计效果

操作步骤：

（1）按规格要求完成新建任务，对背景进行渐变色填充，如图2-7-8所示。

图2-7-8 渐变色填充

（2）依次导入素材图像并进行图层蒙版设置，如图2-7-9所示。

图 2-7-9　图层蒙版

（3）完成标题文字设计并进行快速蒙版设置，加入心形形状，展示效果如图2-7-10所示。

图 2-7-10　绘制形状

7.3 "首饰创意设计大赛"创意海报设计

设计说明：

［课堂讲解］创意海报制作

项目名称：首饰创意设计大赛

项目设计：图文混排

规格要求：30 cm×45 cm

分 辨 率：150像素

颜色模式：RGB

设计要求：图层样式的应用

　　　　　图层混合模式的应用

　　　　　形状图层的应用

设计效果：见图2-7-11

图2-7-11 "首饰创意设计大赛"海报设计效果

操作步骤：

（1）按规格要求完成新建任务，对背景进行渐变色填充，如图2-7-12所示。

图2-7-12 渐变色填充

（2）导入主题标志，录入文本信息并进行编辑排版，如图2-7-13所示。

图 2-7-13　文本编辑

（3）完成形状制作，如图2-7-14所示。

图 2-7-14　形状制作

（4）应用形状图层完成钻石层叠效果，如图2-7-15所示。

图 2-7-15　形状图层

课堂训练

创意海报设计项目命题创作

需求分析：

（1）以"某节日"或"校园音乐节"为主题设计海报。

（2）主题突出，时间地点等相关内容详细。

（3）最终效果符合主题。

（4）尽量保持图像的完整性。

提示：

创意海报是广告艺术中比较大众化的一种体裁，用来完成一定的宣传任务，或是为报导、广告、劝喻、教育等目的的服务。

单元 8

灯箱公益海报设计

设计说明：

[课堂讲解] 公益宣传——灯箱广告设计

项目名称：公益宣传广告

项目设计：图文混排

规格要求：90 cm × 120 cm

分 辨 率：72像素

颜色模式：RGB

设计要求：图像为主，金黄色调，
　　　　　中国元素
　　　　　体现大气磅礴的感觉

设计效果：见图2-8-1

图 2-8-1 "公益宣传广告"灯箱广告设计效果

操作步骤：

（1）按规格要求完成新建任务，导入素材，如图2-8-2所示。

图 2-8-2　导入图片

（2）分别导入素材，绘制方形选区进行透明色渐变效果，如图2-8-3所示。

图 2-8-3　导入素材

（3）导入素材红色飘带，录入文字编辑排版，如图2-8-4所示。

图 2-8-4 导入图片并进行文字编辑

（4）最终效果如图2-8-5所示。

图 2-8-5 效果展示

课堂训练

创意灯箱广告设计项目命题创作

需求分析：

（1）以"公益宣传"为主题设计海报。

（2）主题突出，内容详细。

（3）最终效果符合主题。

（4）尽量保持图像的完整性。

提示：

灯箱广告海报创意也是广告设计中比较大众化的一种体裁，用来完成一定的宣传任务，或是为报导、广告、劝喻、教育等目的的服务。

单元 9

DM 广告设计——折页

9.1 "海洋公园"折页广告第 1 页

设计说明：

[课堂讲解] DM广告设计——折页

项目名称：海洋公园折页1
项目设计：画面已蓝色调
　　　　　为主，清新自然
规格要求：36 cm × 21 cm
分 辨 率：200像素
颜色模式：RGB
设计要求：掌握常用滤镜
　　　　　的种类
设计效果：见图2-9-1

图 2-9-1　"海洋公园"折页 1 设计效果

操作步骤：

（1）按要求完成新建任务，建立参考线，如图2-9-2所示。

图2-9-2　建立参考线

（2）绘制形状，进行渐变填充，如图2-9-3所示。

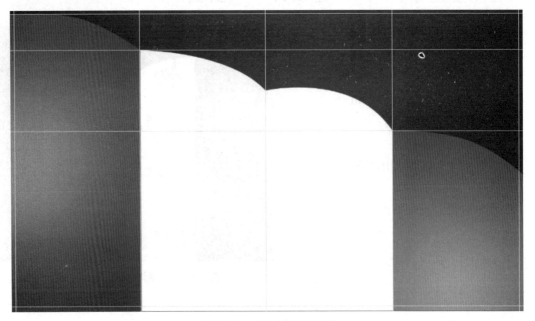

图2-9-3　绘制形状并填充

（3）执行"裂纹"滤镜并添加图层蒙版，对导入的海底素材进行自由变换，如图2-9-4所示。

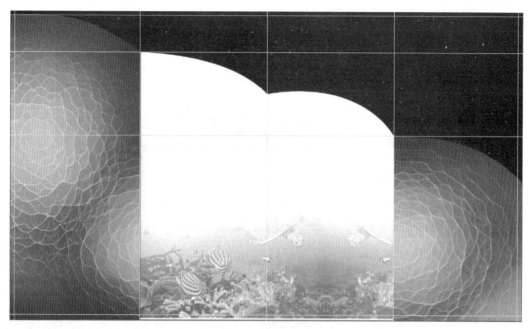

图 2-9-4　滤镜效果

（4）添加文字及素材，调整导入图像的位置，并完成页面1效果，如图2-9-5所示。

图 2-9-5　页面 1 效果展示

9.2 "海洋公园"折页广告第 2 页

设计说明：

[课堂讲解] DM广告设计——折页

项目名称：海洋公园折页2

项目设计：画面已蓝色调为
主，清新自然

规格要求：36 cm×21 cm

分辨率：200像素

颜色模式：RGB

设计要求：掌握常用滤镜的
种类

设计效果：见图2-9-6

图2-9-6 "海洋公园折页 2"设计效果

操作步骤：

（1）按规格要求完成新建任务，建立参考线，如图2-9-7所示。

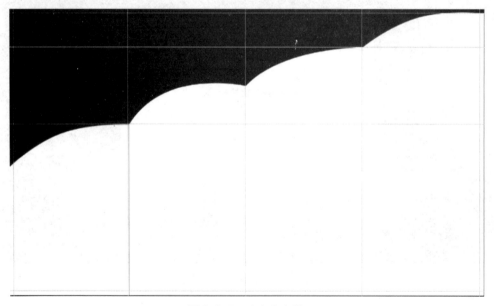

图 2-9-7 建立参考线

（2）导入图片素材，并进行图层蒙版应用，如图2-9-8所示。

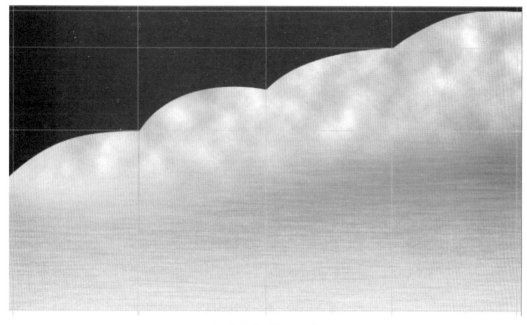

图2-9-8 图层蒙版

（3）导入图片素材，并对其进行调整位置，如图2-9-9所示。

图2-9-9 置入图片

（4）导入素材，进行图层蒙版设置，并完成页面2效果，如图2-9-10所示。

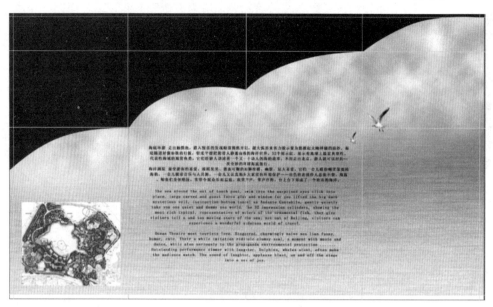

图 2-9-10　页面 2 效果展示

课堂训练

"折页"广告设计实训命题创作

需求分析：

（1）以"某主题公园"或"某餐饮宣传"为主进行折页广告设计。

（2）主题突出，时间、地图或定位等相关内容详细。

（3）最终效果符合主题。

（4）尽量保持图像的完整性。

提示：

折页广告是指根据需要采用不同的折页形式如一折、双折、三折等扩大杂志一页的面积。折页设计一般分为2折页、3折页及多折页等，根据内容的多少来确定页数的多少。折叠方法主要采用"平行折"和"垂直折"两种，并由此演化出多种形式。

单元 10

DM 广告设计——三折页

10.1 北京派特森科技发展有限公司外页设计

设计说明：

[课堂讲解] DM广告设计——三折页

项目名称："北京派特森科技
发展有限公司"外页设计

项目设计：图文混排

规格要求：29 cm×22 cm

分辨率：300像素

颜色模式：CMYK

设计要求：图层样式的应用

　　　　　图层混合模式应用

　　　　　图层蒙版应用

　　　　　剪贴蒙版应用

设计效果：见图2-10-1

图 2-10-1 "北京派特森科技发展有限公司"外页设计效果

操作步骤：

（1）按规格要求完成新建任务，导入素材进行拼接，如图2-10-2所示。

图 2-10-2 导入图片

（2）置入山体图片，进行图层蒙版设置，如图2-10-3所示。

图 2-10-3 添加图层蒙版

（3）绘制形状，并调整相应透明度，可以预览到下方的图片，如图2-10-4所示。

图 2-10-4　调整相应透明度

（4）在不同页加入文字，并对其进行排版，如图2-10-5所示。

图 2-10-5　文字排版

（5）导入两张地质图片，绘制两个圆形设置为剪贴蒙版，如图2-10-6所示。

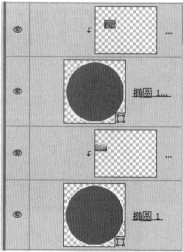

图 2-10-6　剪贴蒙版

（6）完成最终效果，如图2-10-7所示。

图 2-10-7　添加外页效果展示

10.2　北京派特森科技发展有限公司内页设计

设计说明：

[课堂讲解] DM广告设计——三折页

项目名称："北京派特森科技
发展有限公司"外页设计

项目设计：图文混排

规格要求：29 cm×22 cm

分辨率：300像素

颜色模式：CMYK

设计要求：图层样式的应用

图层混合模式应用

图层蒙版应用

剪贴蒙版应用

设计效果：见图2-10-8

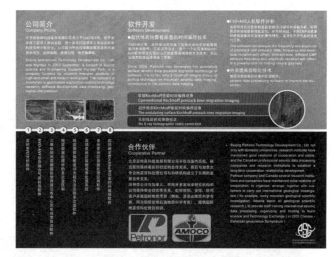

图 2-10-8　"北京派特森科技发展有限公司"内页设计效果

操作步骤：

（1）按规格要求完成新建任务，导入图片素材，绘制形状并调整合适透明度，如图2-10-9所示。

图 2-10-9　调整合适的透明度

（2）复制素材文字资料进行排版设计，并在右下角导入公司LOGO，如图2-10-10所示。

图 2-10-10　文字排版设计

（3）导入三张图片素材，设置为剪贴蒙版，如图2-10-11所示。

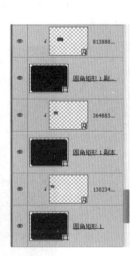

图 2-10-11　添加剪贴蒙版

（4）绘制8个椭圆形状，并设置图层样式为投影，如图2-10-12所示。

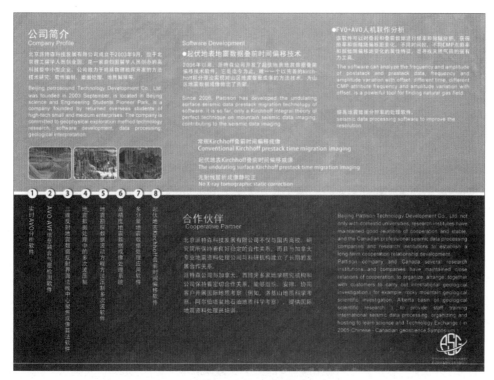

图 2-10-12　图层样式

（5）导入三张图片素材，进行剪贴蒙版设置，如图2-10-13所示。

图 2-10-13　添加剪贴蒙版

（6）内页最终效果，如图2-10-14所示。

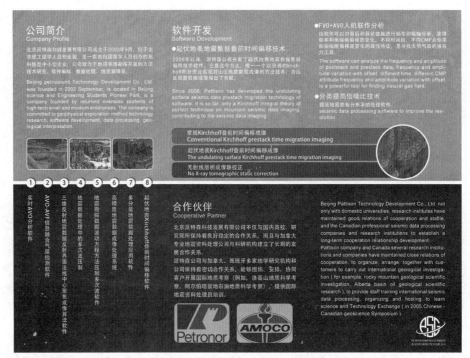

图 2-10-14　内页效果展示

课堂训练

三折页广告设计项目实训命题创作

需求分析：

（1）根据素材"某海景酒店"为主进行折页广告设计。

（2）主题突出，时间、地图或定位等相关内容详细。

（3）最终效果符合主题。

（4）尽量保持图像的完整性。

提示：

在折页广告中，对于复杂的图文，要求讲究排列的秩序性，并突出重点。对于众多的张页，可以做统一的大构图。封面、内页要保持形式、内容的连贯性和整体性。统一风格气氛，围绕一个主题。

单元 11

综合案例——画册设计

设计说明:

项目名称：山东神鸟科技公司画册

页　　数：封面封底、产品目录、介绍页、内页1~12

项目设计：图文混排

规格要求：43 cm×29 cm

分 辨 率：350~400像素

颜色模式：CMYK

设计要求：图层样式的应用

　　　　　图层混合模式的应用

　　　　　图层蒙版的应用

　　　　　剪贴蒙版的应用

操作步骤：

（1）封面和封底如图2-11-1所示。

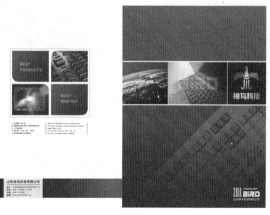

图 2-11-1　封面和封底

（2）产品目录如图2-11-2所示。

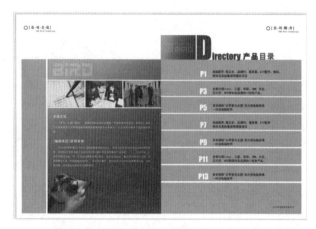

图 2-11-2　产品目录

（3）介绍页如图2-11-3所示。

图 2-11-3　介绍页

（4）画册的第1～2页如图2-11-4所示。

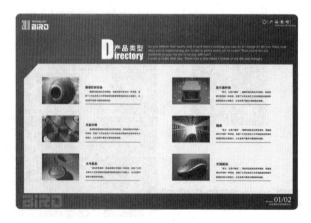

图 2-11-4　画册的第 1 ～ 2 页效果

（5）画册的第3～4页如图2-11-5所示。

图 2-11-5　画册的第 3 ～ 4 页效果

（6）画册的第5～6页如图2-11-6所示。

图 2-11-6　画册的第 5 ～ 6 页效果

（7）画册的第7～8页如图2-11-7所示。

图 2-11-7　画册的第 7 ～ 8 页效果

（8）画册的第9～10页如图2-11-8所示。

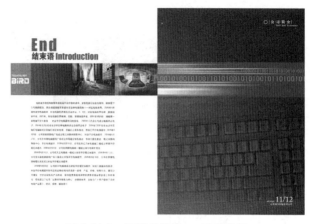

图 2-11-8　画册的第 9 ～ 10 页效果

（9）画册的第11～12页如图2-11-9所示。

图 2-11-9　画册的第 11 ～ 12 页效果

课堂训练

画册设计项目实训命题创作

需求分析：

（1）创意设计"企业产品宣传"画册设计。

（2）主题突出，内容安排合理。

（3）最终效果符合主题。

（4）尽量保持图像的完整性。

提示：

画册在企业形象传播和产品的营销中起着重要的作用。画册可以体现企业综合实力及产品特点，同样也是让客户了解企业的快速有效的方式。